谋算

高手成事的博弈智慧

墨羽 ◎ 编著

中国致公出版社·北京

图书在版编目（CIP）数据

谋算：高手成事的博弈智慧 / 墨羽编著. -- 北京：中国致公出版社，2024.6
ISBN 978-7-5145-2215-0

Ⅰ. ①谋… Ⅱ. ①墨… Ⅲ. ①博弈论-应用-成功心理-通俗读物 Ⅳ. ①B848.4-49

中国国家版本馆 CIP 数据核字（2024）第 000027 号

谋算：高手成事的博弈智慧 / 墨羽　编著
MOUSUAN: GAOSHOU CHENGSHI DE BOYI ZHIHUI

出　　版	中国致公出版社
	（北京市朝阳区八里庄西里 100 号住邦 2000 大厦 1 号楼西区 21 层）
发　　行	中国致公出版社（010-66121708）
策划编辑	王拥军
责任编辑	王福振
责任校对	吕冬钰
装帧设计	火火小师妹
责任印制	张俊杰
印　　刷	三河市宏顺兴印刷有限公司
版　　次	2024 年 6 月第 1 版
印　　次	2024 年 6 月第 1 次印刷
开　　本	710mm×1000mm　1/16
印　　张	15.5
字　　数	209 千字
书　　号	ISBN 978-7-5145-2215-0
定　　价	59.80 元

（版权所有，盗版必究，举报电话：010-82259658）
（如发现印装质量问题，请寄本公司调换，电话：010-82259658）

| 序言 |

要不要早起十分钟吃早餐？眼看就要迟到了，是坐地铁上班还是打车？工作前景不明朗，要不要辞职？经理职位空缺，要不要竞争一下？周末要不要看场电影？置身书店，是买这本书还是那本书？让孩子就读这所学校还是那所学校？生意合作，是选A作为伙伴还是选B？要不要做兼职？要不要买房？要不要买车？要不要出国？要不要结婚？要不要生孩子？……

对于生活中的这些小细节，我们都无法回避一个事实，即无论是深思熟虑还是一时冲动，我们的很多决定都带有一定的博弈成分。

小到决定早餐吃什么，大到职业生涯怎么走，和谁步入婚姻殿堂，都离不开"决策"。"决策"是一个非常复杂的过程和机制。

一个人身处社会中，会时时刻刻受到外界和他人的影响。当你想参加经理职位的竞争时，别人也对这个职位虎视眈眈，然而经理职位只有一个；当你过年打算买回老家的车票时，无数和你一样想回家的人同时也在抢票，然而车票的数量是有限的……

很多时候，我们并不是在单纯地做决定，而是在与那些"看不见"的或你早已"忽视"的人在博弈。在与其他经理候选人的博弈中取胜，就能成功变身经理；在与抢票大军的博弈中取胜，就能顺利买到过年回家的车票。

正如经济学家保罗·萨缪尔森所说："要想在现代社会做一个有生存能力的人，你必须对博弈论有一个大致了解。"人类早已经进入利益博弈的时代，每个人每天都生活在博弈中，如果你不甘于平庸，如果你不愿成为失败者，如果你不想成为一个被世界遗忘的人，那么学点博弈心理学吧，它能帮助我们成为一个博弈高手，博出一个精彩绝伦的人生。

为什么"博弈"能帮助我们做出最优、最正确的选择呢？博弈论是现代数学的一个分支，20世纪中期冯·诺依曼和摩根斯坦就提出了这一理论。博弈论也被称为"对策论"。"博弈"听起来很复杂，但事实上很简单，也就是在采取行动时，不仅要考虑自己的目的和利益，还要考虑到他人对自己行为可能会产生的影响，以便避开不利因素，选择最优的行动计划，谋求效用最大化。

以过年买春运车票为例：春节决定要回家，于是要买车票，回家是目的，买车票是采取的行动；考虑到距离春节越近，买车票的人越多，为了避免抢不到票，所以提前20天就买，这就是一个博弈的过程。由于充分考虑了"离春节越近买票人越多"这一外在因素可能会造成"买车票"的行为受阻，于是先下手为强，最终我们更好地实现了"回家"这一目标。

春节买车票这种小事如此，人生大事也是如此，高考时选择学校、专业，毕业后选择工作，买房时选择地段……一个没有"博弈"思维的人，只会在千变万化的社会中迷失，处处晚别人一步。当别人炒房已经赚得盆满钵满，你才意识到买房；当别人投资大获成功，你还在纠结闲钱该如何打理，如此一来又怎能快他人一步？又怎能成为精英，活出精彩的人生呢？

虽然我们几乎每天都在博弈，但因为各种各样的复杂因素，又常常无法看清事情的本质，于是总是按照直觉出牌，结果时常无法做出最优的选择。选择什么样的道路，就会拥有什么样的前途和命运，就会拥有怎样的人生。不管是工作、生活、人际交往、投资活动，还是爱情、婚姻、时间管理，请学会用博弈的眼光去看待这些问题。只有学会博弈，将这种智慧作为人生的指引，我们才能在生活这块图板上描绘出五彩斑斓的人生轨迹和绚丽多姿的未来图案。

　　在世界著名学府美国耶鲁大学，博弈心理学是最受欢迎的公开课之一。除了经常应用于个人就职活动、婚姻生活、邻里关系等方面，博弈心理学还被广泛应用于经济领域、国际问题等重大事件上。

　　本书从职场、社交、谈判、合作、说服、情感、识人等多方面入手，详细讲述了个人"博弈"的技巧。此外，本书还专门总结了一系列"博弈基本功"，告诉你如何猜透别人的心思，如何避免被他人有目的地影响等，希望本书能给广大读者的工作和生活带来一些启迪和改善。

目录

上篇　不懂人心、人性，如何能博弈制胜……………………… 1

第一章　什么样的人最容易被影响 …………………………… 3

不要惊讶，在这个世界上，人人都在被影响，同时每个人也都是影响者，你我也不例外。那么，究竟哪些人最容易被有目的地影响呢？

  1. 无欲则刚，你是一个充满欲望的人吗？……………… 4
  2. 缺乏自主思考，就会被人牵着鼻子走 ………………… 6
  3. 不要轻易受周围暗示的影响 …………………………… 7
  4. 只有内心充盈才能免于被"影响" ……………………… 9
  5. 依赖型人格属于易影响人群 …………………………… 11
  6. 公众人物也会被"洗脑" ……………………………… 13
  7. 普通人怎样才能远离"传销" ………………………… 14

第二章　人与人的交往就是心与心的较量 …………………… 17

与人的交往其实也是一个心理博弈的过程。不管你是学生还是上班族，不论你是员工还是老板，只要你身处社会中，与外界发生信息交换，就无法避免心与心的较量。

  1. 千万别把面子看得太重 ………………………………… 18
  2. 你很在意他人对自己的评价吗？……………………… 20
  3. 如何抢占博弈的心理制高点 …………………………… 21

4. 独立：人心博弈的最好武器 …………………………………… 23

5. 心够强大，就会无所畏惧 …………………………………… 25

6. 博傻理论：聪明人更容易被"影响" ………………………… 27

第三章　其实，你并非自己大脑的唯一主人 …………………………… 29

我的大脑当然听我指挥，可事实并非如此。不理智的冲动行为、酒醉后的荒唐举动、极限状态时的失控体验……有时候，你并非自己大脑的唯一主人。

1. 究竟是谁在影响你的大脑 …………………………………… 30

2. 大脑的理智思考和人的情感冲动 …………………………… 32

3. 信息频繁输入会形成条件反射 ……………………………… 34

4. 刺激能改变你的行为模式 …………………………………… 36

5. 小心神不知鬼不觉的诱导术 ………………………………… 38

6. 恐惧：控制大脑最有效的工具 ……………………………… 39

7. 疲劳的大脑很容易被入侵 …………………………………… 42

8. 极限状态时，整个人都不受控制 …………………………… 44

第四章　人性：你怎么对我，我就会怎么对你 ………………………… 47

人性是复杂而多变的，有自私的一面，也有牺牲的一面，还有邪恶的一面……想在博弈中获胜，了解人性是必不可少的功课。

1. 利己是人的一种心理本能 …………………………………… 48

2. 陷入"囚徒困境"该怎么办 ………………………………… 49

3. 在危险面前，忠诚往往不堪一击 …………………………… 51

4. 在利益面前，道德常常没有约束力 ………………………… 52

5. 敬畏强者：人的生存天性使然 ……………………………… 54

6. 礼尚往来的心理均衡效应 …………………………………… 55

7. 每个人都有占便宜的心理 …………………………………… 58

8. 人格面具理论：人人都善于伪装 …………………………… 59

第五章　只有洞悉人心，才能轻松施展影响 ………………… 63

人人都有警惕性和防备意识，这是与生俱来的自我保护机制。如果你想进入他人的内心世界，就必须打破其心防。

1. 究竟是真话，还是谎言 ………………………………… 64
2. 一眼看穿微表情当中的秘密 …………………………… 66
3. 看懂眼神里的信息 ……………………………………… 68
4. 激怒对方：情绪失控时防备最弱 ……………………… 69
5. 语言陷阱：一举揭开他的伪装 ………………………… 71
6. 巧施"刺激"挖掘人心深处的秘密 …………………… 73
7. 学会示弱，才能令人心无防备 ………………………… 75

第六章　慧眼识人：你也能练就火眼金睛 ………………… 79

人生的重要一堂课，是要学会识人辨人。听其言、观其行、知其意、感其性，才能识别伤害，避免错判，找到那些最值得合作和信赖的伙伴，成为职场高手、社交高手。本章教你看人看到骨子里！

1. 穿着打扮里的识人"玄机" …………………………… 80
2. 人以群分：观察他的朋友们 …………………………… 81
3. 读懂肢体动作的心理含义 ……………………………… 83
4. 听懂口头禅里的弦外之音 ……………………………… 85
5. 通过"面相"也能准确识人 …………………………… 87

第七章　一只看不见的手：无处不在的影响力 …………… 89

广告、新闻、网络、舆论、权威……我们每个人都在被不同的因素影响。但绝大多数人并没意识到这一点，那么如何才能看到无处不在的影响力呢？

1. 你是容易被影响的人吗 ………………………………… 90
2. 无处不在的"清醒催眠" ……………………………… 91
3. 从众效应：山羊为什么排队跳崖 ……………………… 94

4. 熟悉效应：越熟越容易被影响 …………………………… 96

　　　5. 谎言重复次数多了，也会变成"真理" ………………… 97

　　　6. 情境：难以察觉的潜在影响力 …………………………… 99

第八章　博弈：先学会控制自己的情绪 ……………………… 103

　　博弈拼的就是心理状态，一个无比愤怒的对手，再弱的人也能将其打败，没有一个稳定的情绪，如何能在博弈中获胜呢？

　　　1. 不要在情绪糟糕时做决定 ……………………………… 104

　　　2. 你发泄坏情绪的方式合理吗 …………………………… 105

　　　3. 情绪转移大法：聪明人不钻牛角尖 …………………… 108

　　　4. 画"心情谱"，控制自己的情绪 ……………………… 110

　　　5. 情绪调节术：让你的心情快速好起来 ………………… 112

第九章　千万小心，真的有人在试图影响你 ………………… 115

　　影响者们戴着各式各样的面具，潜伏在你的身边，以各种手段，将你玩弄于股掌之间，你察觉到了吗？

　　　1. 权威效应：你是否深陷其中 …………………………… 116

　　　2. "对你好"很可能是别有用心 ………………………… 117

　　　3. 越有魅力的人，影响力越强 …………………………… 119

　　　4. 专制者面前，你是一个服从者吗？ …………………… 121

　　　5. 轻松识破各种类型的影响者 …………………………… 123

下篇　反影响的博弈之法 ……………………………………… 127

第十章　博弈防卫术：巧用反向策略，干扰对方心理 ……… 129

　　一个明智的博弈高手，不会与人针锋相对地较量，他们更善于通过智慧制造烟幕弹，迷惑对方，从而实现反向博弈。

　　　1. 反向博弈的成功离不开障眼法 ………………………… 130

2. 越有底气的时候越要示弱 ……………………………… 131

3. 藏起你的精明，扮演一个笨拙的人 …………………… 133

4. 故意犯错，轻松消除对手的警戒心 …………………… 135

5. 装可怜，伪造"弱者"的假象 ………………………… 136

6. 真真假假，干扰对方的判断 …………………………… 138

第十一章　职场博弈术：大事要精明，小事要糊涂 ……… 141

老板与职业经理人、高管与员工、员工与客户……职场当中，处处都是博弈，在这种环境里，究竟怎样才能借助博弈术创造出一个最理想的软环境呢？

1. 多劳，有时候未必会多得 ……………………………… 142

2. 最有能力的人并不一定能升职 ………………………… 143

3. 有时候什么都不做比什么都做更好 …………………… 145

4. 太聪明的人很难得到领导赏识 ………………………… 146

5. 干活不争取，哪来高薪？ ……………………………… 148

6. 结盟策略：与强者的实力抗衡 ………………………… 150

第十二章　社会博弈术：外圆内方的处世之道 …………… 153

你想结识对方，对方却未必想结识你；你想获得帮助，别人正好也是这么想的；你想拉近彼此距离，也许他人正绞尽脑汁想如何疏远你……不论你是否意识到，博弈在社交活动中是一直存在的。

1. 多一句称赞，就能少一点距离 ………………………… 154

2. 镜子效应：你友好，对方才会友好 …………………… 155

3. 换位思考：拉近人际关系的捷径 ……………………… 157

4. 原则性太强的人，往往没人缘 ………………………… 159

5. 让步：老实人常用的博弈筹码 ………………………… 160

6. 对人太热情往往会适得其反 …………………………… 162

7. 人际博弈的纳什均衡：社交的最佳距离 ……………… 163

第十三章 说服博弈术：让他不知不觉说"是" …………… 165

不是东风压倒西风，就是西风压倒东风，你是一个被说服者，还是一个说服者，这完全取决于你的博弈水平。

  1. 登门槛效应：让人不好拒绝的博弈艺术 …………… 166
  2. 对方疲惫的时候，说服会更有效 …………………… 167
  3. 精彩的故事比单调的理论更有说服力 ……………… 169
  4. 恐惧胁迫法：让人心甘情愿地服从 ………………… 171
  5. 思路引导，潜移默化的说服法 ……………………… 172
  6. 直击痛点激起共鸣，唤醒他对你的认同 …………… 174

第十四章 谈判博弈术：既不吃亏也不伤面子的智慧 ………… 177

在商业谈判的战场上，心理战术才是最高明的战术，掌握了心理博弈术，才能既不吃亏也不伤面子，才可能成为谈判赢家。

  1. 沉默战术：有时候沉默比喋喋不休更有效 ………… 178
  2. 互惠原则：只做有价值的让步 ……………………… 179
  3. 先露底牌的人，谈判时更容易输 …………………… 181
  4. 讨价还价的最后通牒 ………………………………… 182
  5. 了解对手，才能更好地打败对手 …………………… 184
  6. 面子哲学：给对手面子就是给自己机会 …………… 186
  7. 微笑法则：谈判不成也能成为朋友 ………………… 187

第十五章 合作博弈术：与其你死我活，不如握手言和 ……… 189

拼个你死我活的竞争时代已经过去了，与其两败俱伤，为什么不合作共赢呢？是时候学点合作博弈术了，只有这样才能在合作中为自己争取到最大的利益。

  1. 与其彼此竞争，不如合作共赢 ……………………… 190
  2. 谁要小聪明，谁就会被伙伴抛弃 …………………… 191
  3. 猎鹿博弈：实现利益最大化 ………………………… 193

4. 取长补短法则：我们为什么要合作？ …………… 194

　　5. 团队合作中如何避免搭便车效应 ……………… 195

第十六章　制胜博弈术：胜利只属于满怀信心的人 ………… 199

　　胜利永远都不会属于那些整天自怨自艾的人，所以从今天起打起精神吧！当你满怀信心的时候，博弈自然就更容易取得胜利。

　　1. 杜根定律：满怀信心更容易取得胜利 …………… 200

　　2. 投其所好：价码够高，人人都能被收买 ………… 201

　　3. 撑死胆大的，饿死胆小的 ………………………… 203

　　4. 不怕风险的人，才可能有高收益 ………………… 205

　　5. 假装很优秀，才好与优秀的人交朋友 …………… 206

第十七章　情感博弈术：有时候，越亲近的人越危险 ………… 209

　　最危险、最不易察觉、最难于防范的伤害往往来自我们最亲密的人。与亲密的人在一起，运用一点博弈技巧，有助于我们尽情享受爱，同时又减少伤害。

　　1. 嫉妒效应：你有酸意，爱人才会觉得甜 ………… 210

　　2. 无原则迎合，只会让关系越来越疏远 …………… 211

　　3. 相亲时绝对不能做的事 …………………………… 213

　　4. 得之不易的爱人，才会倍加珍惜 ………………… 215

　　5. 爱得有多深，伤得就会有多惨 …………………… 216

　　6. 心理拉锯战：小心爱人的情感勒索 ……………… 218

　　7. 管家婆法则：管得多不见得是件好事 …………… 219

　　8. 不要忽略情感上的蝴蝶效应 ……………………… 221

第十八章　实用博弈术：巧用博弈，你完全可以做得更好 …… 223

　　如何拒绝不得罪人，怎样避免投资风险，怎样才能成功地升职加薪……巧用博弈术，你的工作和生活完全可以更好。

　　1. 拒做"便利贴"，不当滥好人 …………………… 224

2. 邻里纠纷为什么常常会恶化升级 …………………………… 225
3. 动态博弈法：永远的职场大红人 …………………………… 227
4. 投资要多想风险，少想收益 ………………………………… 228
5. 善待缺点，它也会给你带来机遇 …………………………… 230
6. 特有性价值：气场独特更能积聚人气 ……………………… 231

上 篇
不懂人心、人性，如何能博弈制胜

第一章
什么样的人最容易被影响

不要惊讶,在这个世界上,人人都在被影响,同时每个人也都是影响者,你我也不例外。那么,究竟哪些人最容易被有目的地影响呢?

1. 无欲则刚，你是一个充满欲望的人吗？

如果将欲望比喻成双面人，那么你在正面看到的将是一个笑容甜美的天使，可是反观其背面，你所见到的会是一个充满负能量的魔鬼，欲望一旦失去控制，天使就会被魔鬼引向邪恶。

《礼记·礼运》中有言：人有"六欲"。之后，东汉有哲人对其中的"六欲"进行了注释："六欲，生、死、耳、目、口、鼻也。"通俗地讲，即是人要生存，惧怕死亡，耳能听，眼能观，嘴能吃，舌能尝，鼻能闻，多姿多彩的生活是建立在这些事物的基础上的，这些便是人生理上的需求和欲望。"六欲"是人们最基础的本能的需求，为了使自身需求得到满足，人们会利用自然环境和社会关系，达到占有客观对象的目的。在满足需求、获取欲望的过程中，人会站在主体角色的立场上，把握和影响客体与环境，最终使客体和环境达到主体要求的统一。经过深入分析可以得出，欲望是人强大自己、改造世界的根本动力，它在无形中也推进了人类的进步、社会的发展。

欲望是推动人类文明发展的动力之一，但由于它具有双面性，需要人们进行理智的调控与节制。欲望的双面性体现在，它能促人成功，也可招致失败。

相信买过彩票的彩民们都见过类似"大奖很可能就是你的"这样的标语，它能唤起许多人内心的一夜暴富的欲望，虽然大家知道，中奖的概率非常低，但彩民们依然乐此不疲。其实，隐藏在人们经久不衰的热情背后的，正是欲望这个推手。

有这样一个故事：有一天，村里来了一个外乡人，外乡人向村民询问可以找到野猪的地方，于是村民将他带到野猪经常出没的地方。村民看到外乡人没有猎枪便议论道："没有枪还想猎到野猪？真是可笑。"然而在几个月之后，村民看到外乡人用栅栏圈住了许多野猪，感到非常奇怪，便来讨教方法。

外乡人告诉村民，方法很简单："首先，我在野猪经常出现的地方放了一些玉米，刚开始没有一个玉米被野猪吃掉，然而在几周过后，一些玉米被胆子比较大的野猪吃掉。时间又过去了几周，玉米被越来越多的野猪吃掉。后来我在野猪经常吃玉米的地方建了栅栏。每一次我只建一小段，因为野猪看到只有一小段的栅栏就会认为对它们没有威胁，仍然继续吃玉米。最后，我将所有栅栏连接到一起，只留了几扇门，野猪还像从前一样。后来看到有很多野猪进去之后，我便立刻将门锁起来。这时野猪就被我围进栅栏里了！"

野猪由于吃玉米的欲望太强导致没有发现危险，最终被关进了栅栏。假如人的欲望太强，也会慢慢地失去理智，无法看到前方的危险。如果别人发现且利用了你欲望强的弱点，你便会掉进他的陷阱，不能自拔。

为了避免此类事件的发生，我们需要理性地控制欲望。

（1）分清良莠，优化欲望

将欲望分门别类，以此来区别对待。成才欲、探索欲、求知欲、奋斗欲、奉献欲等能给人带来奋进动力的欲望，是积极型的欲望，可以充分利用这些欲望对人的促进作用，提高个人能力和奉献精神；而金钱欲、权力欲、美色欲、霸占欲、毁灭欲等能使人道德沦丧、人格堕落，是消极型的欲望，需要谨慎对待，以防被这些消极欲望操纵，招致祸患，损害个人和社会利益。面对欲望，首先要区分善与不善，其次决定是从还是弃。

（2）节制欲望，知足常乐

与沦为欲望的奴隶相比，简单快乐的生活才是幸福的。若只为欲望而活，人就会在追寻欲望的道路上迷失自己，便会因找不到生活的方向而陷入苦恼和迷茫。相反，懂得知足，节制欲望，适当地利用欲望提升自己，这样才能大大提高个人的满足感和幸福感。

(3) 记下警句，以警示自己

为控制自己对金钱、权力、美色的占有欲望，可用一些警句，时时提醒自己，如"人最重要的价值在于克制自己本能的冲动""淡泊名利，宁静致远"等都能给心灵以警醒；也可读一些心灵启迪类的书籍，净化自己的内心。

适时放弃心中的杂念私欲，回归自然、简单，偶尔约三两好友出游放松，给心灵松绑，对于当下快节奏的都市生活，不失为一种很好的调节方式。

2. 缺乏自主思考，就会被人牵着鼻子走

生活中时时处处都需要思考。《论语》有云"三思而后行"，即做一件事情之前要深思熟虑。而事实上，我们经常提到的自主思考并没有在实际中被很好地应用，整个社会所表现出来的，多是反独立思考的。

对于自主思考，正确的方法是先观察而后实践，在认识的基础上思考，体验事物存在和发展的规律，最后形成我们解决和处理事情的最好的方法。然而，当前我们的教育模式却是：在没有广泛地认识和观察事物本身之前，首先会被强硬地灌输固定概念。先入为主的病态模式便由此产生，以致出现不同观点时，我们在潜意识里会认为"这是错的""那才是对的"。如果不加以思考就盲目接受，以此产生的理论便有悖于事实，这和自主思考的初衷大相径庭。

瓦特看到水开了，经过反复实践后发明了第一台蒸汽机；牛顿看到苹果落地，在不断研究之后最终发现了万有引力定律。"学而不思则罔，思而不学则殆。"瓦特、牛顿的生命正是因思考而精彩万分的。

思考是一种好习惯，它不仅可以帮助我们找出问题的症结，使僵化的思维得以疏通，变得清晰，构建新的理念，还有助于传承思维精华，去除

思想糟粕，孕育人生智慧，善于思考将会让你受益无穷。古今中外，凡成大事者都拥有勤于思考的好习惯，是思考拓宽了他们的人生。

而失去自主思考能力的人是悲哀的，那无异于一个任人摆布的木偶，注定会一无所成。

不想被人牵着鼻子走，就要学会独立思考。想拥有自己的独立思维，不妨从以下几方面着手：

（1）拥有怀疑的态度

不同于被动地接受"事实"，你可以尝试去激发自己的怀疑思维，即面对一件事情时，不妨先持怀疑态度，直到确定其正确性之后，再接受也不迟。

（2）摆脱惯性思维

在查找资料或询问他人之前，先运用自己已掌握的信息进行思考，久而久之，便能提高自主思考的能力。此外，还应逐渐降低对媒体信息的依赖程度，投身到亲身体验中去。

（3）置身事外，远处观之

"旁观者清"，走出你的小世界，换一个角度想问题，而非原地不动地静待机会的降临。

（4）体验对立的观念和思维

寻找，甚至创造一些对立的观念和思维，虽然它们可能存在于其他文化之中，但这样做的关键是能中断思维惯性的轨迹。总之，独立思考，是给自己创造一个机会无限的世界。

3. 不要轻易受周围暗示的影响

杰根·路易士博士是加利福尼亚大学精神病理学的教授，他曾说过："人类除了语言，还能使用 70 万种以上的信号来交流意识。"这些语言外的"信号",便是通过影响他人潜意识来完成的一种暗示。

暗示能够改变和影响人们原有的行为方式和心理状态,从而将实际并不存在的东西根植于人们的潜意识。在特定情形下,人们会很难抗拒暗示的力量,它会使人在短时间内失去意识上的自控能力,按照暗示者的意识思考。一般情况下,暗示者接受暗示是不自知的,他们会认为自己的想法和行为并非被动,而是出自本意,这才是暗示最可怕的地方。

美国科学家曾做过类似的研究:在医学实验室里,实验人员将一名死囚的双眼蒙上,并把他捆绑在凳子上,随后在旁边放上一桶水。实验人员先用刀背划一下死囚的手腕,然后告诉死囚,他已被割腕,血在一滴一滴地流,一小时后他将因失血过多而死。与此同时,实验人员会划破塑料水桶,营造出"血"滴在地面的场景,使死囚相信他真被割腕了。死囚听着水滴的声音,由于极度恐惧,半个小时后"失血"而亡。

苏联也发生过类似的事情。有一个人被意外关进了冷藏车。第二天早上被发现时,他已冻死在里面,死亡症状显示是被冻死的。可令人奇怪的是,当晚冷藏车的冷冻机并未启动,车内温度与室外相差并不多,所以当时的温度是不可能将人冻死的。法医给出的结论是:可能这位死者被关进冷藏车后,过度担心自己会被冻死,这种潜意识使他失去了活下去的希望,他就真的被冻死了。

重复性,是暗示的显著特点。重复说同样的话语或关键词,可导致人们相信事实真的如此。暗示的这种近乎神奇的力量,倘若被别有用心之人掌握利用,后果将不堪设想。思及于此,我提醒读者要识别和防范他人对自己的暗示。

(1) 从暗示本身的规律入手

暗示的内在核心是形成潜意识,而潜意识的形成并非立竿见影的,这是一个充满重复性的潜移默化的过程。所以,若有人看似无心实则故意经常跟你提到同一个问题或观点时,你就需要注意了。

（2）自信让影响者无所遁形

每个人都会有或多或少的自卑心理，而影响者多是利用这些薄弱点进行突破的。经过持续和充满"说服力"的洗脑后，有自卑感的人将会更加自卑。其实，只要客观看待事情，保持乐观的心态，就会让影响者无缝可钻。

（3）学会问对方"为什么"

对于暗示，并不是意志越坚定的人越不容易被催眠。相反，面对他人的暗示，由于这类人不容易受到外界的干扰，他们更容易被深度催眠。所以，当你识破这种诡计时，可以及时采取反问策略，多问"为什么"，使自己摆脱被继续催眠的困境，从而反客为主，诱导提问者说出他的真实意图。

4. 只有内心充盈才能免于被"影响"

被称为帅哥的小张，家境非常优越，每个月有稳定的收入，还有漂亮的女朋友相伴，在人际交往中表现得也很得体。周围的人都认为他生活得很幸福。即使这样，小张还是觉得自己的生活不如意。他说："每天按时上下班，每天的生活都一样地重复着，不知道自己工作、生活的动力是什么，总是感觉内心空虚。看到周围的人对工作、生活都充满了热情，而我却对什么都没有兴趣。每天的负面心情也不知道怎样排解，总是不理解别人为什么可以很充实，而我却很空虚。"

事实上，在现实生活中，很多人有类似小张的感受：自身条件优越却感觉不幸福，即使有幸福感也是短暂的，认为任何事情都没有意义，对什么都提不起兴趣，从不关心自己的亲人和朋友，对拥有的东西也不懂得珍惜，这些行为正是空虚的表现。因为各种原因的存在，现在许多年轻人都会感到空虚。空虚的心理会降低人的意志力，腐蚀人的灵魂，使人对生活失去希望。

空虚的心理有很多表现，总体可分为以下三类：

（1）混日子型

这是最常见的病态行为，人们总是随遇而安、得过且过，不求上进，只希望不犯大错误，每天应付差事，心中没有理想，只会推卸责任。

（2）丧失信心和志向型

讨厌自己的生活，只会空想，没有行动，意志力薄弱，缺少正确的判断能力，不能判断事情发展的趋势。

（3）否定一切事物型

怀疑所有事物，否定所有事情，对于工作、生活没有热情，缺乏动力，他们不仅怀疑世界，还怀疑自己。

空虚是人的心理感受，经常觉得空虚的人，大部分都活得不塌实，经常抱有不切实际的理想和目标，总是在定位自己的目标，却从不愿付出行动。假如在感到空虚之后还是不愿意付出行动来改善自身的情况，那么将会使状况更加恶化，从而形成恶性循环，最后成为受别人影响的对象。

面对空虚带给人们的负面影响，我们总结出以下几个缓解方案：

（1）改变不切实际的目标

假如苦苦努力目标还是不能实现，这时就需要调整一下自己的目标了。针对新的目标，应该调整自己的状态及对工作和生活的规划，从而从空虚的负面情绪中走出来，感受新生活的魅力。

（2）提高自身修养

关于提高自身修养这个问题，读书是大多数人的最佳选择，他们可以在书中找到许多解决困难的方案，日复一日，头脑中的知识越来越丰富，也会感到生活越来越充实，从而走出空虚带来的困境。

（3）努力为自己创建一个良好而又丰富的生活圈子

人总会遇到一些困难，当独自一人面对困难时，难免会感到孤独失望。如果在困境面前，有人愿意陪伴着你，给予关心和支持，予以同情和理解，你走出困境也会容易一些。所以只有拥有一个良好的生活圈子，才能在最困难的时候得到身边人的关心和支持，避免走进空虚带来的恶性循环中。

（4）对于工作和生活要投入热情和精力

一个人在工作和学习的时候，如果投入自己全部的精力和热情，就会忘记空虚所带来的负面情绪，同时还能在工作学习当中看到自身的价值，看到生活的希望，使自己充满力量。

我们要坚信，只要自己内心充盈，就能不被影响者影响。

5. 依赖型人格属于易影响人群

依赖心理太重的人往往不会自主思考，缺少判断力和行动力，哪怕只是一些不重要的小事，他们也愿意听控制者的指示，按照控制者的思维做事。依赖型人格的人即使知道控制者的指示不合理、与自己意愿不一致，也会听从照做。洗脑者最愿意操控这些人，因为他们不能抵抗别人对自己的大脑进行持续的信息灌输。

26岁的江华，在一家媒体公司从事设计方面的工作，对待工作十分严谨也非常负责，工作成绩突出，经常得到同事的夸赞。可是近期他很困扰，原本他有一个升职的机会，可以升为部门主管。然而同事们却认为他虽然有能力，但是缺乏独立性，属于依赖型人格的人，不能承担领导的职责。这使毕业两年的他意识到不管在工作还是生活中，自己都不成熟，缺少独立性。

公司同事也认为他是还没有长大的孩子。江华一直都被父母照顾得无微不至。从上学到参加工作，父母都为他决定所有的事情，江华说："我已经适应了父母为我安排一切,偶尔出差,没有人帮我打点,我会觉得非常不习惯。"即使他明白不能一直这样下去,却不知道如何改变现状。直到这次升职失败后,他才明白这不仅仅是一次失败,更是自己在别人心中已经被定性,自己的职业生涯也受到了严峻的考验。

很明显,案例中的江华是一个依赖型人格的人。但是,作为成年人居然还像婴儿一样,处处依赖他人,不能清楚地划分自己和他人的责任。而有人更是会认为这种界限模糊的状态是与被依赖者之间拥有真挚情感的证据,这是极为可笑的。

有个女孩说:"那个男孩是我生活的一部分,只有他陪在我身边,我才能感到自己的价值。没有了他,我的生活就没有了意义。"当依赖者对他人的依赖达到这种程度时,说明状况已经非常糟糕了,依赖者甚至会用自己的生命威胁被依赖者。而此时,这种无助反而会帮助被依赖者成为影响者,处在有利的地位。

心理学家在分析依赖型人格的时候,总结出拥有此人格的人会有以下几种表现:

首先,最普遍的表现是没有主见。这样的人在做决策之前,一定会听取别人的建议,希望得到别人的肯定。其次,是感到无助,许多重要的事情都需要让别人为自己做决定,如在哪里定居、从事什么工作等。再次,是充满遗弃感,即使知道别人是错的,也要跟随,因为害怕被别人遗弃。最后,是无独立性,这种人一般不能独自执行计划和单独做事。

为了摆脱别人的操纵,依赖性太强的人必须找到改善自己性格的措施:

一是以习惯来改善。依赖心理太强的人的依赖行为是一种不良习惯,要改善其性格就必须改正此种不良习惯。例如,经常清查一下自己有哪些行动是习惯性地依赖别人去做,而哪些是独立去做的。依赖性强的人可以将一天做的事情记录下来,一周之后,将这些事情按独立性强、中、较差分为三个等级,一周做一次小结。

二是以自信来改善。如果只是想纠正事事依赖别人的习惯,却不从根本上解决,那么极有可能不久之后还会陷入依赖性人格中。建立自信心是纠正依赖行为的根本方法。例如,多尝试一个人行动,尝试一个人去美丽的风景区旅行,尝试一个人去参加一些娱乐项目等。通过这些活动来提高自己的勇气,建立自信心,改变依赖性太强的缺点。

6. 公众人物也会被"洗脑"

日本曾经报道过这样一则新闻,有一位日本女艺人居然被占卜师"洗脑"了,这则新闻一度成为媒体的焦点。这位女艺人不仅长相出众,而且在圈中非常出名,受到很多人的喜爱。这样成功的艺人居然会被占卜师控制,让人很费解。那么,占卜师究竟掌握了她的什么特点,导致她被"洗脑"呢?

第一,像艺人这样的公众人物,他们的个人信息很容易被泄露,大家很容易查到他们的信息。这时,以占卜师为首的人会仔细观察他们的表情、语言、动作,来推测他们的精神状态,从而对他们进行"洗脑"。

第二,站在聚光灯下的公众人物,他们虽然常常以坚强、勇敢、乐观的形象示人,但他们也十分孤独,尤其在遇到困难的时候,他们也想向别人倾诉,然而这种事对他们来说,不像普通人那样简单。所以骗子经常会利用这个时机,对艺人进行"洗脑"。

第三,公众人物比普通人更容易骄傲,有自负心理,甚至有些艺人会无限放大自身的价值:我是肩负着重大使命的。在遇到可以成为自己精神领袖的对象时,他们会出现错觉:认为自己追随到了拥有"真理"的人。

第四,很多公众人物有完美主义倾向,甚至有些人有强烈的理想主义倾向,许多艺人的出身并不优越,因此在刚进入社会时会经历许多磨难,受许多委屈，对社会也会抱着戒备的心理。随着时间的积累，这种想法会在他们大脑中扎根，如果有一天被激活，就会使"洗脑"变得更容易、更深刻。

某明星代言的某营养液被使用者王先生告上法庭。王先生以营养液涉嫌违法宣传为理由与代言人打了一场官司。王先生称，因为手术，自己身体比较虚弱，恰好在广告上看到某营养液的宣传，称这种产品含有18种氨基酸，可直接被人体吸收，非常适合病后体质虚弱的人。所以，王先生购买了许多这种营养液，但是到今天也没有看到该营养液宣传的功效。

某减肥产品公司邀请了多位明星作为代言人，为产品宣传。可是该公司的瘦身胶囊的生产批号与此产品并不对应，在管理部门网站上也查不到，就连公司的登记地址也是不存在的。

商家们利用明星的名人效应，利用普通人对公众人物的喜欢，花费超高的价格聘请公众人物做代言人为产品做宣传。在虚假甚至违法宣传的广告中，这些公众人物也是受害者，商家利用公众人物身上的某一个弱点，对他们进行"洗脑"、控制。

不要只看到公众人物头顶上的光环，其实，他们和我们一样，有脆弱的一面，也有容易被人操纵的可能。

7. 普通人怎样才能远离"传销"

传销很可怕，我们要尽可能地远离，因为一旦陷入，便会人财两空，家破人亡。

在校学生李红、赵丹、孙燕曾是关系非常好的舍友。下学期开学时，李红以父母离婚为由，向学校申请了退学。最主要的原因，是她已找到了一份高收入的工作，觉得没必要再继续上学。学校了解情况后，曾对其进行过劝导，可她执意退学，校方便同意了。

随后，赵丹向班主任请假，理由是母亲心脏不舒服，父亲在外打工，她需要请假一周进行照顾。可是一个星期后，赵丹说母亲病没好，要求续假。两个星期之后，学校要求赵丹返校时，她竟然也申请了退学，理由是需要挣钱照顾母亲。

后来，孙燕也以其他理由办理了退学手续。

同班同宿舍的三人，几乎同一时间离开学校，甚至退学，这一情况引起了学校的警觉。经校方了解到，三个孩子均误入了传销组织。

此事的经过是，误入传销组织的李红，先把好友赵丹和孙燕引入传销窝点，随后是亲戚朋友。不光如此，她还以学校、学习或帮助贫困同学等理由，先后从家里索要了两万元钱。后经学校和警方的合作，成功地将李红、赵丹和孙燕从传销窝点解救出来，所幸三人都没有受到伤害。

我们经常会认为自己只是微不足道的普通人，并不会引起别人的注意。但犯罪分子也许正是看中了作为普通人的你识别传销骗局能力弱这一点，轻而易举地将你诱导进传销组织，并进行控制。我们只有有效识别和远离传销，才能避免被欺骗。倘若你遇到以下情况，切记要谨慎对待。

朋友、家人突然消失，而后又莫名其妙地出现，并以各种理由试图将你带到某个地方时；

当"朋友"突然以工作轻松、工资高的条件请你到他的单位上班时；

失联很久的朋友热情邀请你去他的家乡观赏游玩，甚至以往返路费全包为诱饵时；

上网时，意外搭讪到的美女、帅哥对你"一见钟情"时；

…………

不要被这些"惊喜"弄得意乱情迷，你岂知随后是不是惊吓？

此外，了解典型的传销洗脑过程，也可以在一定程度上避免我们成为传销者的"猎物"。

第一步：筛选新成员。

传销"狩猎者"对有事业心却一直怀才不遇，或是曾经辉煌过想东山再起的人情有独钟；或者有一定号召力的人；再或者是有空闲时间的人；也可以是比较单纯、心思简单的人；等等。

第二步：接入组织。

传销组织会根据新成员的不同情况，选择合适的时间和地点，安排老成员或推荐人去接人。

第三步：煽情授课，灌输扭曲的"成功学"。

传销窝点大多环境封闭，传销组织通常会以授课、"成功人士"经验介绍等方式，为新成员描绘出"光辉前景"，通过短期即可获得高额回报的"蓝图"，点燃"新人"非法传销的欲望。

第四步：大打温情牌。

初入传销组织，新成员多会受到高级别的"礼遇"，使其颠覆地认识到社会的"冷漠"和传销组织的"温暖"，让初来者放松警惕，消除初来者的排斥感，增加其对团队的认同。

第五步：强化"洗脑"效果。

疲劳战术是洗脑组织接下来惯用的伎俩，他们用听课、谈行业经验的方式让新成员没有时间去思考，唯一的感觉就是昏昏欲睡。这种状态下的人，无异于木偶，很容易被传销组织控制。

总结传销洗脑过程便知，偷换概念、反复强化、自我暗示、他人暗示、群体施压是其惯用的方法，了解这些，我们就能在一定程度上避免被其操纵、误入歧途。

第二章
人与人的交往就是心与心的较量

　　与人的交往其实也是一个心理博弈的过程。不管你是学生还是上班族，不论你是员工还是老板，只要你身处社会中，与外界发生信息交换，就无法避免心与心的较量。

1. 千万别把面子看得太重

中国社会普遍存在的一种心理就是爱面子，爱面子反映了中国人尊重与自尊的情感和需要。中国人在日常生活中，最不能接受的是丢面子，认为丢面子便意味着否定自己的才能。于是有些人为了不丢面子，"打肿脸充胖子"，死要面子活受罪。

其实，"死要面子活受罪"不是聪明人所为，面子是人生中的一道阻碍，把面子看得太重的人往往干不了大事。很多人就是因为拿掉了虚伪面具，才走上了成功之路，用踏实苦干代替了死要面子。其中，有不少成功人士甚至是从捡破烂白手起家的。过于爱面子，不但会错失机会，还会使你丧失别人的依赖与肯定。

但我们也不能把爱面子的作用全盘否定，毕竟适度地讲面子还是有益处的，只要不过度，便能起到一定的积极作用。比如，什么样的面子值得维护，什么样的面子该舍弃，给人留面子时应该留多少……都需要我们谨慎对待。

王军刚参加工作不久，一天他的大学同学路过他所在的城市，顺便来看望他。

王军陪着同学在这个小城里转了一圈儿，两个人都很开心。转眼到了吃饭的时间，王军全身上下一共才有五十元钱，这是他所能拿出招待同学的全部资金了，他想随便找一个小饭馆吃饱就行，但碍于面子，他没有说出来。正在这时，朋友相中了一家很体面的餐厅。王军不知所措，但他觉得如果这时提出去小饭店吃会伤了自己和同学之间的感情，便只好硬着头皮随同学走进了那家餐厅。

两人坐定后，那位同学开始点菜，当她询问王军的意见时，王军只是有些尴尬地说："随便，随便。"但是，他的心中却忐忑不安起来。他把手伸进衣服口袋里，紧紧抓着那仅有的五十元钱。这钱显然是不够的，可自己又能怎么办呢？

同学一点儿也没有注意到王军的不安，她对可口的饭菜赞不绝口，王军却没有吃出什么味道来。

终于等到结账了，彬彬有礼的服务员拿来账单，径直向王军走来。王军张开嘴愣在那里，不知该如何是好。

同学看到王军如此模样，笑而不语，她拿过账单，把钱给了服务员，然后笑着对王军说："王军，我知道你目前的经济条件不太好，其实我一直在等你说'不'，你却什么都没有对我说。知道吗，有些时候，最好的选择就是一定要勇敢坚决地把'不'字说出口。我来这里的目的，就是想让你知道这个道理。"

在我们的生活中，这样的故事时常发生，每个人都有自尊心，都想保住自己的面子，谁都不愿意自己脸面尽失。如果为了保全面子而不惜伤害自己，如"不蒸馒头蒸（争）口气""宁可伤身体而不肯伤感情"等，则是万万不可取的。

你有没有想过，现实生活中的面子是别人给我们的，还是我们自己争取的呢？

如果我们自身各方面做得都很好，他人便会对我们敬佩有加，会向我们投来崇敬的目光。这样，我们才会有更多的自豪感和成就感。若自身做得不好，哪里还有什么面子可谈？其实，我们所谓的面子是自己挣来的，完全没有必要期待别人给予。

面子不是口舌之争，而是与对手相逢时的奋力一搏；面子不是衣冠楚楚，而是与朋友相见时的笑脸相迎；面子不是叱咤风云、腰缠万贯，而是大家给予的最热烈的掌声……

"死要面子活受罪"，你若不想活受罪，放下思想束缚吧，竭尽全力来做事，只要你有目标，信念坚定，就能走出一条属于自己的充满掌声和铺满鲜花的阳光大道。

2. 你很在意他人对自己的评价吗？

　　人生在世，总会与他人产生千丝万缕的联系，语言和行为难免会遭受别人的议论与批评。所以，我们总能发现有一部分人因为介意别人对自己的评价，从而担负沉重的内心压力，甚至会将他人对自己的评价当作衡量自身价值的唯一标准。有些人甚至百般奉承别人，只为拥有他人对自己的赞赏。而只要别人对他的看法有所改变，他马上就会变得惊慌失措起来。

　　曾听说过这样一个令人啼笑皆非的故事。

　　故事讲的是一对牵驴进城的父子，赶路途中听见有人笑说："好笨啊！牵着驴子居然不骑！"听到别人的议论，父亲让孩子骑在驴背上。没走多长时间，他们又听到周围的人在议论："这孩子真是不孝顺，怎么能让他父亲走着呢？"父亲赶忙让儿子跳下驴背，自己则翻身坐到驴背上。走了一会儿，他们又听到别人在议论："这父亲真是心狠，也不担心累死儿子！"父亲于是赶紧把儿子抱上驴背，两个人一起骑着驴往前走。怎料，周围的人又议论起来："这头瘦弱的驴子载着这对父子，真是太可怜了。"这对父子赶忙从驴背下来，将驴子的四条腿用绳子捆住，二人拿棒子抬着驴子往前走。

　　这对父子的做法实在可笑，但是事实上，在生活和工作中我们总会自愿或不自愿地把他人对自己的评价看得过重。王勇很介意他人对自己的看法，他总是为"与同事交往中自己是否做法欠妥，是否使朋友觉得自己冷漠，是否给人不讲义气的感觉"等感到不安和难受。某个朋友的表情有一丝冷漠，或者未准时回短信、微信、QQ等，他便开始浮想联翩。这样的心理折磨得他疲惫不堪。其他方面，他还老是与他人盲目攀比。长此以往，王勇感觉自己很虚伪，并为此自责不已，无法自拔。

俞敏洪曾在一次演讲中说："我们总想从别人的眼中看到我们自己的价值。我们常常会说，别人眼中看到的自己怎么样，比如别人眼中看到的我是一个窝囊废，成绩不好、家庭很贫困等。当你活在别人眼中的时候，你就永远没有你自己。所以，第一步就是一定要忘记别人的眼光，因为只有忘记别人的眼光你才能够成长起来。"

不难看出，上面事例中的王勇就是生活在他人眼中的一个人，他将他人对自己的言论看作自身优缺点的衡量准则。这样的人，是不可能活出精彩的人生的。

但是，我们一点不介意别人对自己的评价是不可能的。但这就像是一碟小菜不可能让所有人都满意，别人的评论于我们而言，只能当个参考，不能看得太重。所有人的看法、眼光不一样，所得到的结果也就迥然不同。所以，对于我们的评论，他人的见解并非实事求是，多少会带有主观的意识。他人的评论有一些原因和理由，并不能完整地映射出我们的本质和全面形象，这就需要我们拥有辨别评价的能力，对于他人的批评、陷害，要理智地感受和接纳，既不因为他人的夸赞而扬扬得意、趾高气扬，也不因为他人的批评而垂头丧气、心灰意冷。过分重视和在意他人的评论，就一定会成为别人的附属，被别人操控，搅乱自己前进的方向。

3. 如何抢占博弈的心理制高点

无论是职场上还是在日常生活中，我们都会看到彼此之间的心理战，如耍点花招、使点手段。人们在工作中、商场上、情感交流中都会遇到源于人际博弈过程中的操控与反操控。

几乎所有的孩子在第一次被父母送进幼儿园的时候都会反抗，经常哭闹，小明就是这样。

小明是一个4岁的孩子，父母本打算在他3岁时送他上幼儿园，可是去年他生了场大病,导致上幼儿园晚了1年。后来,不管妈妈怎样哄他,小明都不愿意去幼儿园。就这样持续了一个星期也没有结果。

一天晚上,出差许久的爸爸回到家,在家门口时,就听到儿子的哭声。爸爸赶紧推开家门,看到儿子又哭又闹。了解之后才知道,是妈妈给小明下了最后通牒,明天必须去幼儿园。

爸爸看到这个情景,立刻将儿子锁到他自己的屋子里。但是,没过多久他便改变了主意,原因是他知道这样做对解决问题并没有一点好处,爸爸希望儿子可以自愿地、开开心心地去幼儿园:"假如我是小明,有什么动力可以让我自愿去幼儿园呢?是新的朋友还是有趣的游戏?例如拼图……对!拼图!我要试试。"

爸爸和妈妈、女儿一起坐在桌边玩原本打算送给儿子当礼物的拼图,3个人的笑声很快就传到了小明的耳朵里。小明很快停止了哭闹,注意力转移到拼图上,看了两眼,就急着加入进来。这时,爸爸告诉小明:"你不可以玩这些拼图,你需要先去幼儿园学习怎样玩拼图,学会之后才能和我们一起玩。"随后,爸爸和妈妈还给小明讲了许多关于幼儿园的有趣的游戏和新奇的事情。

第二天,小明早早穿好衣服,对妈妈说:"妈妈,我们要抓紧时间,我不想比别的小朋友去得晚。"

这件事情在生活中很常见,如果你是小明的父母,你会怎么做?是进行威胁还是用奖励诱惑?还是会把孩子独自关进房间?如果你能和小明爸爸一样,在和孩子的心理博弈中,占领心理制高点,就能合理地解决孩子"不愿意去幼儿园"这个问题了。

博弈一直存在于我们的生活、工作和学习中,从幼儿园开始,小学、中学、大学、工作、结婚甚至退休,我们都会经历博弈,博弈就是在不同阶段采用不同措施以成功完成某项任务的心理战的应用。如果想要占领心理制高点,仅仅依靠强硬的措施是很难达到的,我们应该依据不同的现实情况制定不同的措施。

玛迪梅普莱是法国著名的歌唱家，她有一个美丽的私人园林，附近的人经常利用周末休息时间去园林游玩、摘花、采蘑菇，更有甚者，在园林里搭起帐篷，一家人野餐、游玩之后，留下遍地的垃圾，不堪入目。

玛迪梅普莱便让人在园林四周建起篱笆，同时立起"私人园林禁止入内"的牌子，但是一点效果也没有。之后，她又让人在牌子上写道："禁止入内，违者重罚。"依然没有效果。最后，她想到了一个办法，让人在园林门口的大牌子上写了这样几句话："游客请小心，园中有毒蛇，如不慎被咬伤，速往医院救治，医院地址：顺此路往东50千米处，乘坐汽车1小时便到。"这个方法果然起到了作用，从此之后，再也没有人闯入园林。

在人际博弈的过程中，只有占领心理制高点，保持客观、冷静的态度，仔细分析心理博弈的规律，拥有一颗坚强的内心，运用严谨的逻辑思维，才可以免于别人对自己的操纵，才能用最有效的方法克敌制胜。

4. 独立：人心博弈的最好武器

"世界上最坚强的人就是独立的人。"这句话是易卜生先生的一句名言。只有自立的人才能做出一番成绩，只有自立的国家才能繁荣富强。陶行知先生也曾经说过："滴自己的汗，吃自己的饭，靠人、靠天、靠祖上，不算是好汉。"这些都在告诉我们，独立才是人心博弈的最好武器。随着时间的流逝，我们会慢慢地成长。要学会独立解决问题，不能遇到困难就求助别人。因为不独立的人是无法在社会上立足的。

某媒体曾报道：在山东省济南市，一个男孩与妈妈走散，妈妈过了很长时间才找到他，于是再也不让男孩独自出门，日常起居都由妈妈照顾。如今，男孩已经年过30，可智力还停留在7岁，不能独立生活。

孩子走失，母亲固然是着急的，出于安全考虑，暂时或某些情况下不让孩子出门也无可厚非，但因此把孩子一直保护起来，不给他自立的机会，便有些极端了。

独立是不依赖别人、凭借自己的真才实学做事，是一种自我生存的意识和能力，独立由独立的意识形态和独立的能力两部分组成，两者相互影响、相互促进，是现在许多人想要获得的内在品质。人在拥有独立意识和独立的能力之后，既提高了自身的高度，也促进了社会的发展。一个独立的人，更容易被社会所接纳，更容易抓住机遇，促进自身的发展。

独立还是一种价值取向。价值取向是区分人与人的不同的重要特质，这种价值取向体现了我们的独立人格，独立人格是不依靠自然和社会的个人所具有的一种心理品质；价值取向同时体现了人的自由精神、进取精神和创新精神。

独立更是一种人格特征，只有具备很强的自觉性和自制性才能具备独立的人格；在此基础上，拥有这种人格的人还会有理智型的情感特征及自尊、自强等特点。

华人首富李嘉诚有两个儿子，李泽钜和李泽楷。他们在大学毕业后，本打算在李嘉诚的公司中工作。可是父亲却告诉他们："你们不能留在我的公司工作！还是自己出去找工作，打拼自己的事业吧。"之后，李泽钜和李泽楷去了加拿大。李泽钜成立了地产开发公司，李泽楷则成功进军到一家投资银行做合伙人。父亲经常通过电话问两个儿子是否遇到了什么困难，可是两个儿子从来不向父亲寻求帮助，而是告诉父亲自己可以解决问题。

李泽钜和李泽楷经历了数不清的磨难，最后终于在加拿大的商界做出了一番成绩。

李嘉诚认为，不管你是否富有，首先要拥有独立生活的能力。他说："如果早期教育不严格，就会成为只知贪图享乐的人，之后再改正就难了。我对他们的所有要求都是为了让他们拥有独立生活、解决困难的能力。"从李嘉诚的话不难看出，独立是在博弈中胜出的最有效的武器之一。

事实上，培养一个人的独立性很简单。

第一，从小事做起。努力将身边的点滴小事做好，学会独立思考，知道类似的事情该怎样应对。知道下次怎样才能做得更完美。即使遇到再大的困难也能冷静应对。其中，要了解事情与事情之间的逻辑关系，了解它们之间是怎样相互影响和制约的。

第二，勇于独立尝试。遇到困难要独立解决，平时要多积累知识，即使有人帮助你，也要思考自己的方法在哪些方面存在缺陷。

第三，拥有综合能力。想要独立完成一件事，需要对事情进行多方面的思考，此时，就需要我们具备综合能力，否则很难独立完成。拥有足够强的专业能力，拥有足够广的知识面和较多的技能，才能独立应对随时可能出现的困难。

第四，不断积累。想要做到真正意义上的独立并不容易，我们需要不断学习知识，积累知识量，同时积累生活经验，形成良性循环。

5. 心够强大，就会无所畏惧

某造纸厂有一位叫周强的职工，是大家推选的工会代表。一天，周强代表员工和厂方谈涨薪的事情，他写了一份书面协议递交给厂方。过了一周，厂方约他去谈判。

让周强惊讶的是，厂方代表在谈判刚开始便向他说明销售和成本的现状及明年的财务前景。厂方这样的行为让周强有些困惑。他意识到肯定是哪里有问题，却没有表现出自己的困惑。为了掩盖自己的慌张，也为了考虑对策，周强拿起放在桌子上的会议材料。看过之后，他明白了其中的原因。总经理的秘书在打字时不小心出了差错，把周强要求的工资增加12%错写为21%，所以厂方代表才会出现刚才的行为。其实周强当时正准备以7%的工资增加额结束谈判。

明白原因后的周强冷静地听着经理描述厂子现在的一些困难。谈判快结束时,经理提出工资增加额为 12%。但是周强没有接受,继续和经理谈判,并说出自己的理由,最后双方以工资增加额为 15%结束了谈判,这个结果比周强最初的期望值高了 8 个百分点。

在上例中,我们发现,很多时候被操纵者控制是因为我们的软弱容易被别人识破。操纵者表现出来的自信迷惑了我们,导致我们认为他很强大,其实他们心里也是焦虑不安的,只是比我们掩饰得好,没有表现出来,他们只是通过对其他人的操控,使自己显得很强大。

任何人都不想受别人的操纵,却不知道该如何摆脱操控。实际上,做一个独立自主的人并且拥有强大的内心是人人都可以做到的。这并不是说我们需要对所有人都保持高度戒备,只是在错综复杂的社会中,我们应该清楚该怎样运用心理战术,在心理博弈的过程中不受到别人的操控甚至占领心理制高点。

拥有一颗强大的内心,从心理学来说,是拥有极高的心理素质。内心强大的人,一般具有以下特征:

(1) 拥有远大的理想

这种理想在他们的心中从来没有消失过,即使身处困境,他们依然拥有一颗愿意追求理想的心。

(2) 有丰富的精神世界

在他们的精神世界里,从来都不会缺乏理想与激情,他们对生活抱有希望,希望有一天自己的理想可以实现。也许有些人的生活很平凡,但是他们的精神世界丰富多彩。

(3) 对未来充满希望

有强大内心的人都相信自己未来的生活可以和期望的一样美好,在通往未来的道路上,即使生活再困难,道路再艰辛,他们都不会放弃,且每一天都在付出着自己的努力。

（4）有清晰的人生目标

内心强大的人拥有明确的目标，他们每天都在朝着自己的人生目标奋进，他们从来不会迷失方向，因为他们知道自己在为什么而努力，知道自己在什么地方，知道该走向哪里。

那么，我们该怎样做才能使自己的内心变得强大呢？

第一，在人生的道路上难免会遭遇挫折和失败，坚强一些，一切都可以从头再来，要相信，每一个低的起点，都是通往更高峰的必经之路。

第二，要平和、豁达，对别人如此，对自己也应如此。

第三，不断学习，开阔眼界。高学识、深涵养能让我们在遇到挫折时以更理智、冷静的方法思考问题。

第四，正确看待人生的成与败、得与失，时刻保持乐观、积极向上的心态。

6. 博傻理论：聪明人更容易被"影响"

凯恩斯在 1919 年 8 月拿着几千英镑去做远期外汇投机生意。他利用 4 个月的时间，赚得 1 万多英镑，然而过了 3 个月，他把赚到的利润和本金都输了。7 个月后，他转行棉花期货交易，再次取得成功。到 1937 年，他已经积攒了一辈子都花不完的巨额财富。

凯恩斯在他的投机生意中，总结出了一套理论，即"博傻理论"。

究竟什么是"博傻理论"？"博傻理论"是指在投机市场上，许多人愿意花较多钱去买一个价值相对低的东西，是因为他们觉得会出现更傻的傻瓜，这些傻瓜会出更多的钱，将他们手中的东西再次买走。

"博傻理论"认为，只要出现一个比自己更傻的傻瓜，那么在投机过程中自己便能获利。而实际上，博傻理论并不完全正确，因为聪明人反而更容易被影响。

1630年，荷兰人培育出了颜色和花型都十分独特的郁金香品种，由于其稀有性和高雅脱俗的美，当时的许多王公贵族便以拥有郁金香作为其身份和权力的象征。于是，嗅到浓浓商机的投机商人便开始恶意囤积郁金香，并引发了一场疯狂的全民热潮。人们争相进行郁金香球茎的投机，导致该国家的其他行业停滞不前。人们纷纷用土地、房屋等不动产去置换郁金香种子，妇女们变卖衣服、首饰和心爱的家具去换取种子，只因人们认为郁金香种子可以令他们更富有。人们的欲望已经膨胀到了无以复加的地步，疯狂地追求花种使郁金香价格不断创下新高。

这种混乱局面一直持续到1653年11月的一天，一位对此一无所知的水手来到荷兰郁金香交易市场，他擦了擦随手捡起的一颗郁金香种子，三两口便吃了下去。所有人都呆呆地看着他，水手也奇怪地看着他们，不过水手只是好奇这颗"洋葱头"的味道奇怪而已。然而水手的举动，让所有人仿佛顷刻从一场持续了多年的美梦中惊醒。梦境中，大家仿佛被一股无形的力量控制住了，人们所想的只是如何不断地哄抬郁金香的价格。清醒之后，人们开始大量抛售郁金香，一时间，郁金香价格暴跌，欲望的泡沫破灭，许多人一夜之间一贫如洗。

"郁金香事件"是"博傻理论"最典型的案例。其实，人们早已经意识到郁金香的价格远超它本身的价值，但人们也相信，会有比他们更傻的人出现，以更高的价格买走他们囤积的郁金香。最终，人们的这种"博傻理论"使得"郁金香泡沫"越吹越大，致使千百万人倾家荡产。

利用"博傻理论"时需要理智，"博傻理论"获利的基础是存在更多的傻子，这需要判断更多人的心理。利用"博傻理论"获利是有难度的，因为想要判断众多人的心理是有困难的。一旦出现差错，"博傻理论"的使用者便会成为最傻的那个人，想操纵别人反而被别人操纵。因此，要想不被别人操纵，需要我们对更多人的心理进行调查和研究，而且要保证自己处在理智的状态下。

第三章
其实,你并非自己大脑的唯一主人

我的大脑当然听我指挥,可事实并非如此。不理智的冲动行为、酒醉后的荒唐举动、极限状态时的失控体验……有时候,你并非自己大脑的唯一主人。

1. 究竟是谁在影响你的大脑

生活中，我们往往会做出一些身不由己的选择，既然身不由己，就表明我们不是心甘情愿的。

朱芳在一家建材公司工作，因为工作认真仔细，很受老板赏识，成为公司的业务骨干。最近公司接了一个大项目，公司里的所有员工加班加点，已经在工地连续工作了半个多月，朱芳更是连着几天都没有回过家。这天，她正在带领大家工作，突然接到一个电话，原来是父亲不小心从楼梯上摔了下来，住进了医院，朱芳担心不已，赶紧找到老板，希望可以请假回家照顾受伤的父亲，尽自己做女儿的责任。

朱芳刚把父亲受伤的消息告诉老板，还没有来得及开口提请假的事，老板就一本正经地对她说："我知道你很想回家照顾你的父亲，多陪陪家里人，当然了，你父亲这个时候也需要你的照顾，发生了这种事情，我也为你感到担心，并希望你的父亲能早日康复。但是，现在我们这里实在是缺人手，你知道这个项目对公司有多么重要，大家也为之付出了很多的精力。而且，我觉得你是一个很有潜力的人，如果你的家人知道公司正在考虑提拔你，我想他们也不会说什么的。在我们这个行业，需要团队的合作，每个成员都要有参与意识和团队精神，真正地投入到工作中去。你在我眼里一直是这样的人，我也不想因为这点小事影响我对你一直以来的看法。哦，如果你坚持的话，那也没关系，毕竟人之常情嘛。回家之后，多陪陪你的父亲。不过我现在才知道，你把家庭看得比工作还重，提拔你的事，我会和其他高管再好好考虑一下。"

朱芳最后会做出怎样的选择呢？她最终放弃了回家的念头，继续留下来为老板的项目卖命。

其实，在我们的日常生活中，经常会遇到这样的事情，不管我们是自愿的还是不自愿的，都会被他人牵着鼻子走，受他人影响。

那么，影响我们大脑的究竟是哪些人呢？下面简单介绍几种：

一是传销者。很多人都喜欢那些充满激情和亲和力的人，对那些声称能够帮助我们实现梦想的人，即使心里清楚他们的说法很荒谬，但因为他们的许诺符合我们的希望，所以我们内心有一个强烈的声音，那就是：我相信。而如果在这些人身边还有一群附和的人，我们对他们的话更会深信不疑。传销人员正是利用了我们的信任而影响我们的大脑，改变着我们的人生观和价值观。

二是配偶。在男女的感情世界中也充斥着影响与被影响，因为关系亲密，所以被影响者会认为自己是自愿而不是被影响，但是在这场不易被察觉的博弈中，影响者也会深深地影响着被影响者的生活。

三是父母。父母是我们最熟悉、最重要的人，和与配偶的关系相似，我们很难把最亲近的人与情感影响联系在一起。但事实上，我们的父母正在时刻以各种形式威胁、勒索、惩罚着我们。父母是最了解我们弱点的人，他们知道如何利用我们的弱点来使我们妥协和让步，这正是他们最想要的回报。

四是中立者。当我们去商场购物时，如果有人站在消费者的立场向我们提出建议，我们会更容易接受。所以，很多商家利用消费者的这一心理，事先安排好托儿，在顾客购物时以中立者的身份煽动他们的购买欲望，消除顾客犹豫不决的心理。

五是上司。当我们受到上司的表扬时，心里一定会充满喜悦之情，而如果因某些失误受到了上司的批评，我们便会耿耿于怀。总之，上司的一举一动，随时会影响我们的情绪，不管我们愿不愿意，我们都努力在做上司赏识的那个人。

六是权威。这里的权威可以指任何人。这些人有一个共同特点，就是用权威做武器给我们造成心理上的压力。

当然，影响我们大脑的人并非只有上述这几类，除此之外还有很多，只要我们平时能在生活和工作中留心观察，积极思考，便可以避免受他们的消极影响。

2. 大脑的理智思考和人的情感冲动

你是否常常觉得自己能够保持清醒的头脑？大多数人认为自己可以保持头脑清醒，事实却恰恰相反。从早晨起床到晚上上床休息之前，你一天所做的大部分事情都是由情感决定而非头脑决定。

我们来回忆一下每天所要做的事情：

工作中接到比较困难的任务时，你是否会对自己说一声"加油"？是否因为这句"加油"而变得干劲十足？

遇到不喜欢的领导时，你是否宁愿不吃午饭也不愿与其碰面？

去商场买东西时，你是否因为喜欢商品的代言人而购买这件商品？

当你决定做某件事情之后，你是否觉得自己在抉择时非常理智？

我们每天的行为都在因为我们情感上的起伏而变化。换句话说，你做一个决定不是因为你理智的思考，而是因为你的情感左右了你。大部分人都是根据自己的情感和爱好做出感性的判断或习惯性的选择，最后再利用逻辑为自己的选择找到合理的解释。

李罗是一家房地产公司销售部的业务员，有一次，李罗要把手里的一套二手房卖给一对夫妻，并相约带着夫妻二人去看房子。

这套房子对面是一个小池塘，当时春意正浓，柳树抽出了嫩芽，在池塘边摇曳生姿，很是好看。妻子看到后，高兴地对老公说："多年以前，我家门前也有一个池塘，放眼望去都是荷花，晚上还有青蛙的叫声，真是怀念啊。"

说者无心，听者有意，李罗听到女士的话，心里盘算着该怎么说服夫妻二人。

丈夫仔细地观察着这套房子，发现户型不太合理，并且餐厅采光不好。

李罗笑着说："房子虽然有些小缺点，可是最大的亮点是窗外景色优美。您瞧，站在窗前，楼下池塘美丽的景色可以尽收眼底呢。"

妻子听到李罗的话，马上站在窗前向下看，果然看到了整个池塘的景色，好一阵兴奋。

走进卧室，丈夫又发现卧室比较小。而李罗又说："虽然卧室面积有点小，但是肯定是够用的，基本的家具都能放下。还有，站在窗户往下看，也可以看到整个池塘的美景。"

妻子又跑去窗前，表现出很陶醉的样子。

由于妻子对小池塘的喜爱，这对夫妻最终买下了实际上并不理想的房子。

事实上，因为内心情感不同，人们各种行为的决定因素也会有所不同，以此可以把人分为两种类型，即理智型和情感冲动型。

理智型就是在决定行动之前进行理智思考，比如购买某件商品，理智型人的大脑中不仅会有想要购买商品的基本信息，还会分析出该商品值不值得购买。在认真分析之后，这类人才会做出最后决定。理智型的人擅长分析，拥有对商品比较全面的认识和一些购物经验，在购买过程中，会获得更大的价值。

情感冲动型是指人们在采取某一行动时带有浓厚的感情色彩，对于外界环境对自己的影响难以拒绝，不能控制自己的感情，经常因为冲动而做出决定。这类人在受到外界环境影响之后，感情很容易发生变化。这类人缺少对基本信息的认知，性格直爽，容易冲动，这些是决定某一行为的重要因素。

只有用理智压倒内心的冲动，才会避免别人对自己的操纵，才能依据自己的想法去做事,才能收获意外的惊喜。如果有人激怒了你,让你气愤,不要想怎样去报复对方,而应该冷静分析、思考,别人究竟是故意针对你还是不小心激怒了你。总之,不要让你的负面情绪压倒你的理智。之后再思考怎样解决问题。人们总说,"冲动是魔鬼",无论发生什么问题,我们都不可以感情用事,更不能意气用事。人与人之间的心理博弈常常发生,在发生时,我们要做到冷静思考,避免冲动。

3. 信息频繁输入会形成条件反射

苏联著名生物学家巴甫洛夫曾做过这样一个实验:

他先用灯光刺激一条狗,之后把食物给它,多次实验之后,狗就会认为灯光和食物之间存在着偶然的联系。实验仍然继续并形成规律,狗便会将灯光和食物的偶然联系转变为有规律的必然联系。最后,只要受到灯光的刺激,狗就会联想到食物,然后嘴里开始分泌唾液。如果只用灯光刺激狗,即使不给它食物,它也会分泌唾液。这就是条件反射。在频繁地将信息输入大脑后,就会在大脑中形成条件反射。

还有心理学家做过类似的实验:

把一张照片给受试者,让受试者记住照片上的一些细节。照片上显示的是在火车站一个人的行李被另一个人抢走,抢劫的人正在逃跑,火车站有个时钟,显示时间为下午 3 点。当受试者被问事情发生在几点钟的时候,大部分受试者都能回答出是下午 3 点;当受试者被问是不是确定发生在下午 3 点钟时,一部分人产生了怀疑,回答 3 点的人减少了许多;当受试者再次被问到是不是发生在 3 点钟时,只有一小部分人表示确定。

上例中的受试者在心理学家的不断询问下,在大脑中形成了条件反射,一个本来可以回答得准确的问题变得不能肯定。

其实,在许多情况下,提供给一个人清晰的信息,他可以保持理智,做出正确选择。可是在错综复杂的信息面前,人们便很难保持头脑的清醒,更不能做出正确的选择。这种情况下,我们很容易产生挫败感,被错综复杂的信息和提供信息的人所影响。比如,有人不断地告诉你一些负面信息,侮辱你、谴责你,你很快就会产生一种负面的情绪,陷入混乱的思维之中,难以保持理智,更不能用清醒的头脑解决问题。如果经常这样,这些错综复杂的信息便会带给你强烈的紧张感和强迫感,形成所谓的"信息焦虑综合征",这种强烈的紧张感和强迫感很接近精神病学中的焦虑症。

经常处在信息控纵下的人,大脑会处于信息超负荷的状态,以至于会失去独立思考能力和判断力。即使有些人在事情刚开始时会反对和抗议,但如果持续地向他们灌输同样的信息,久而久之,他们也会选择相信向他们提供信息的人。这些措施是洗脑者经常使用的方法,洗脑者通常会选择一个封闭的环境,在人的大脑非常疲惫的时候和思维逻辑混乱的时候,持续地向这个人输入信息。此时,这个人已经不能正确地筛选信息、选择信息,而是失去了思考力和判断力,难以抵抗洗脑者提供的信息,进而成为信息的接收者。

陷入这种被影响的境地时,我们应该怎样做才能抵抗提供信息的影响者呢?

美国学者福尔曼在《信息焦虑》中针对这种情况提出了三大原则:认识并承认自己的无知;对问题的关注度要大于对答案的求知欲;敢于尝试相反方向的路去寻找答案。

除此之外,要想免于被影响者的信息迷惑,我们还要查询与之有关的问题,仔细分析、审查、核对,独立思考,寻找根源,必要时可以重新演算和实验。

总而言之,如果有"洗脑者"不断地向你灌输信息,企图影响你时,你要尽其所能打破"洗脑者"的这一魔咒,使自己不被对方影响。

4. 刺激能改变你的行为模式

所有的事情都是由我们的大脑决定的吗？答案是"不"。因为每天会有成千上万种信息进入我们的大脑，其中必定有些是陷阱，于是有些时候，我们会因为他人对自己的诱导和刺激而落入对方设计的陷阱，成为一个被影响者。

例如，我们与别人约在商场见面，因为自己到得比较早，便到处逛逛，当发现自己喜欢的一件衣服正在打折时，就有了购买的欲望。当促销员不断地向我们推销时，在一般情况下我们会选择购买。

市场分析人员发现，大部分人的购买欲望都是由外界刺激引起的。不断地刺激，打乱了我们正常的思维运转，激起了我们的购买欲望，于是我们决定购买并且为商品做出评价，从而完成了一次完整的购买行为。

在这个完整的购买行为中，消费者所有的心理活动都是导致购买决定形成的内在因素，而促销员不断地讲解则驱使这个内因不断向其想法靠近，以此促使消费者完成购买行为。

因此，在面对令人眼花缭乱的商品时，我们要有防备心理，抵抗促销人员的促销手段。避免因为促销员的诱导和刺激，选择某件不适合自己或不值得购买的商品。在日常的学习和工作中，我们同样应该对别人的诱导有一定的防备，避免做出错误的决定。

其实，我们挑选商品的时候，会考虑到价格、性能、可靠性等综合因素，但难以避免的是，这些因素都会有一些突出的优势或劣势，在这种情况下，就会造成消费者的犹豫不决。于是，这时操控者便会利用"诱饵加刺激"的手段，用"不对称压倒劣势"的方法，先列出一些某个方面不如"目标"的"诱饵"；这样的"不对称"使我们对"目标"更有欲望。"诱饵"的力量非常大，它让幕后的操纵者更有力量，在诱饵的诱惑下，我们经常会丧失理智，甚至失去了思考的能力和判断力。

麻省理工学院曾经让 100 个学生订阅《经济学人》杂志，订阅方式有几种：一是采用网上订阅的方式，需要支付 59 美元；二是买下杂志的印刷版，需要支付 125 美元；三是买下印刷版和电子版，需要支付 125 美元。

学生们的选择是什么呢？其中，16 人选择了第一种订阅方式，没有人选择第二种订阅方式，而 84 人选择了第三种订阅方式。

在这个实验中，我们发现，学生不能在短时间内判断第一种订阅方式是否比第二种订阅方式更合适，可是他们知道第三种订阅方式肯定比第二种订阅方式合适。也就是说，学生们能够在三种订阅方式中推断出：电子版是不要钱的！

不管哪种订阅方式，幕后的控制者都是杂志方，控制者的目的就是让学生选择第三种订阅方式，而 59 美元的电子版和 125 美元的印刷版只是控制者用来刺激学生的"诱饵"。

在很多情况下，我们也可以成为事情发展的操纵者。例如，在面试找工作的时候，面对诸多和自己竞争同一个岗位的人，我们可以想方设法把与自己竞争的人的特征设置为"诱饵"，使自己在众多的人中脱颖而出，让面试官对自己印象更深刻。

有心理学家研究发现，人们早晨起床后的第一时间的选择是内心深处最想要的，是最真实的。因为在起床后的第一时间，人们受到的信息干扰最少，自己内心的想法最强烈，别人对自己的诱导和刺激也最弱，这种情况下做出的选择是最客观的。

总之，我们在做任何决定之前，可以通过给自己一些外在的刺激，改变自身的想法。尤其是当我们负面情绪比较强烈的时候，可以通过这些刺激，改善自己的负面情绪，增加身体里的正能量，使所做决定客观、公平，最符合我们的内心意愿。

5. 小心神不知鬼不觉的诱导术

现实生活中,很多人都曾遇到这类事情:许多自己"自愿"去参与的事情,事后回想起来觉得自己当时的想法和做法实在可笑,甚至觉得不可思议,而当时自己却近乎被一股神秘力量驱使着。这样的事情是如何发生的呢?

这股无形的力量是通过对语言、文字、行为、举止的利用,甚至对感官的刺激,创造出一种看似具体或理性的情境,使我们将现实与虚幻模糊化,从而让我们参与到虚设的情景中,甚至做出积极的行为。

各种成功的销售广告和宣传策略,便是利用了这种诱导之术——为消费者创建一个积极的情境,让消费者认同他们的观点,并接受他们的产品。然而,无论你是多么欣然而自觉地接受操纵者为你描绘的情景,却依然摆脱不了被动接受别人价值观念的事实,我们被奴役了却浑然不知,更可悲的是,我们是欣然接受这种诱导的。

这些危言耸听的事,恰恰真实地发生在我们的周围。其实,每个人都会听从一些人的建议,如父母、权威人士、上司,可有些已经超越听从,演变成了盲从,甚至做出了违背自身意愿的事。这种心态,看似"不得已",但映射出的是心底最原始的"服从心理"。面对生活中神不知鬼不觉的诱导术,对挣扎在道德意识和服从权威之间的我们是一个又一个的巨大考验。

有三个同宿舍的男生商量着暑假去哪里游玩,下面便是他们的谈话:

赵鹏:"这个夏天,你们想好消磨假期的地方了吗?"

孙刚:"我想看看法国普罗旺斯的薰衣草,据说很漂亮呢。"

赵鹏:"呦,那不是女生喜欢去的地方吗?"

孙刚:"法国还有埃菲尔铁塔、卢浮宫啊,又不是只有一个景点。"

李明："我喜欢户外运动,我的计划是去澳洲。"

赵鹏："澳洲?貌似你去年已经去过了,再去会不会没有新鲜感呢?"

李明："可我还是喜欢那里,可谓百去不厌。"

赵鹏："我有个建议,不如这次我们体验一些新鲜的东西吧。"

孙刚："夏天旅游的目的不就是避暑吗?"

赵鹏："那我们就打破常规,玩点有新意的。"

李明："你有什么好的建议呢?"

赵鹏："要不,咱们这次去非洲?"

孙刚："其实我也早想去非洲玩玩呢,我同意。"

赵鹏："我听说,那里有很多野生动物和高山,也可以运动哦!"

李明："听着倒是不错,那咱们一起去吧。"

就这样,三个男生愉快地决定,此次暑假旅游的目的地是非洲。毫无察觉的孙刚和李明,根本没有意识到他们的需求、权利和愿望已经被赵鹏掉了包。表面上看似在征求大家意见的赵鹏,巧妙地提出了自己的观点,并不动声色地说服了其他两个人。

有些时候,即使我们再小心,也不能避免被别人钻空子。很多情况下,我们被动地接受别人的想法却不自知,虽然这些被动的做法有时并不会造成严重的损失和伤害,但至少有悖于我们的初衷,和我们真实的意愿相背离。为了避免被影响,我们应该经常反问自己:"我真的是这样想的吗?"如果我们能及早察觉到异常,便可轻易摆脱被控制的局面,不被他人影响和利用。

6. 恐惧:控制大脑最有效的工具

普南·凯勒是达特茅斯学院的经济系教授,他曾利用框架效应进行了一项有关乳腺癌检查的心理实验。教授将被实验者分为两组,其中第一组接收到的是"早期发现可提高治愈率"的积极说明，而第二组得到的是"若不能早期发现将会难以治疗"的消极说明。于是，在第二组被实验者当中引起了恐惧心理。实验结果显示，第二组被实验者会更容易被说服。

这样的情况我们平时会经常遇到。例如，在超市的生鲜柜台，你想买一块含有70%瘦肉的牛肉，倘若旁边有人随意说了句："还有30%的脂肪呢！"你很可能会打消购买欲望。而事实是，"含有70%瘦肉"的暗含意思便是"还有30%的脂肪"，本来是同一个意思，得到的结果却完全不同。

可见，语言的不同表达会对人产生不同的心理暗示，但人们更在意的是消极观点，这正是人们内心潜藏的损失最小化意识所决定的。换言之，控制大脑的重要因素之一是危机意识，即恐惧。

非洲大草原上，有一种身体极小，靠吸食动物血液生存的吸血蝙蝠。它们是野马的天敌，攻击野马时，它们附在野马的大腿上，用尖锐的牙齿在野马身上刺开一个小口。受惊的野马感到疼痛后会疯狂地奔跑，但这种方式并不能摆脱吸血蝙蝠。惊吓过度和暴怒导致大部分野马就这样死去。

后经动物学家分析，野马的真正死因有两种：一种是其自身的极度恐惧，因为吸血蝙蝠所吸的血量极少，这样的失血量根本不可能造成野马死亡；二是这种恐惧感在野马群中的恶性传染，因为大量死亡的野马并没有被吸血蝙蝠攻击过。

过度恐惧会使大脑丧失理智，失去对事物最准确的判断。为使大脑正常思维，摆脱恐惧的干扰，在日常生活中，我们需要用平和的心态对待周围的人和事。

以下是几种降低恐惧感的方法：

（1）转移注意力

当你专注于恐惧时，恐惧只会有增无减，这时不妨尝试做心算、阅读、朗诵或深呼吸，以此来分散注意力，避免恐惧人为地扩大。这样做后，你的身体就会平静下来，大脑会更理智一些。

（2）多参加各种活动

人在恐惧时，身体会分泌过量的肾上腺素，以此刺激大脑皮层。而降低肾上腺素的有效方式便是运动。比起坐着不动，起身走动可加速肾上腺素的消耗。若无法走动，可尝试有规律地收缩和放松身体各部位肌肉，这种一紧一松的肌肉运动也可消耗肾上腺素。

（3）学习有关知识

自然现象千奇百怪，有些因为没有被人们所理解和探究过，所以人们才会产生恐惧心理。多增加生活阅历和知识，掌握自然规律，对于打雷、闪电这样的自然现象便不会惧怕了。

（4）逐步克服

克服恐惧不可急于求成，逐步克服恐惧会比完全抹杀更实际可行。我们可尝试脱敏疗法，逐渐建立起自信心，改善失控的状况。

（5）习惯可怕情景

逃避并不能降低人们恐惧的程度，而且很可能会有反效果。与其如此，我们不妨去接触它、了解它。习惯之后便会发现，它也不过如此。比如许多人惧怕上台发言，只有在迫不得已的情况下才会去面对，多次训练便会克服恐惧，上台发言的表情动作也便更自然了。

（6）回避可怕情景

对于能提前预想到的恐惧情景，可以采取避开或排除的方式，以此减轻对情绪的干扰。

（7）测量恐惧程度

人的恐惧程度并非一成不变，它有高低轻重之分。区别记录那些能使我们增加或降低恐惧感的想法和行动，探究它们产生的原因，能够有效帮助我们控制恐惧。

(8) 营养及饮食疗法

恐惧时,应避免摄入咖啡因,也勿饮酒,可适当补充营养素等。

7. 疲劳的大脑很容易被入侵

长时间的学习和工作会导致用脑过度,比如时常会感到头昏脑涨,注意力不集中、无法思考,学习和工作效率降低等,这便是大脑疲劳的症状。

大脑疲劳分为身、心两方面的原因。单从身体角度来看,一个原因是用脑过度,致使大脑过度劳累而损害脑细胞,久而久之对大脑造成永久性伤害;另一个原因就是护体不当,人体是个有机整体,不可独立分开对待。五脏六腑、四肢百骸的疾病都会影响脑功能的正常发挥,比如颈部气血不畅会使营养物质输送困难,常常使人感觉头晕,这是因为大脑瞬时的氧气和血糖供应不足,稍作休息便可得到缓解。

从"心"的角度分析:一是身处知识经济时代,日趋激烈的社会竞争使得人才之间拼的不光是体力,更有脑力,而且往往脑力胜出能带来更大的成就感;二是无论家庭、学校,还是社会,升学形势严峻之后又是就业形势严峻,迫于环境的影响,便高强度地用脑,一旦消耗过大而摄入不足,脑疲劳的现象便会发生。

现在很多青少年出现了头发早白、过度失眠、听力下降、嗜睡、注意力不集中等用脑过度的症状。有专家表示,过度用脑尤其是正在成长中的青少年,不仅会导致脑力下降,会给大脑造成损伤,甚至可能会引起神经衰弱等精神障碍性疾病。近年来,青少年犯罪的案件呈大幅上升的趋势,其中的原因就包括他们长期承受学习的压力,导致心理产生了障碍。于是,他们选择以逃避的方式来躲避学习带来的压力,以致最终走上了犯罪的道路。

针对这一现象的日益增多，家长和学校有必要提醒青少年要科学用脑、劳逸结合、保证睡眠、参加运动和注意营养。

不同于身体疲劳的休息缓解法，精神疲劳需要采用合适的方法来缓解。

（1）适当加强运动

缓解大脑疲劳的有效方法是加强运动，强度不大、时间不长的打球、做操、散步等都可以使大脑在运动中得到放松，有助于缓解大脑疲劳。此方法尤其对工作压力大、精神负担重的高度用脑者有效。经常被来自工作、事业、人际关系和家庭方面的压力所困扰，长期处于焦虑、烦闷、恐惧、抑郁状态下的人，更应及时通过适当运动来缓解大脑疲劳，避免出现精神障碍等疾病。

（2）释放压力

当缓解压力的方式并不能对过度疲劳的大脑产生有效作用时，比如依旧没精力、失眠等。这表示大脑已经处于深度疲劳的状态，此时我们需要休息来达到缓解大脑疲劳的效果，让身体与心灵同时得到放松，使大脑恢复活力。

（3）听听舒缓的音乐

嘈杂的办公环境很容易分散注意力，无形中加大了大脑运转的负担，使大脑容易疲劳。此时，你可以考虑听一些轻柔的音乐来放松紧绷的大脑。可以选择韵律悠长的古典音乐，也可以尝试曲调明快的轻音乐。

（4）对头部进行按摩

人体的大脑也需要保养，每天花一定的时间做做头部按摩，放下思绪，清空大脑，会使你的大脑变得更加活跃，思维较之前更加敏捷。

（5）从饮食上加以调整

菌类食物能减少血液黏稠度，提高血流速度和输氧能力，香菇、茶树菇、口蘑等都是不错的选择；补充葡萄糖可适当食用一定量的牛奶、豆浆、糖果、大枣汤等；富含对记忆和智力活动有益的卵磷脂和胆固醇等的食品，比如核桃、花生、杏仁等亦可适量食用。

8. 极限状态时，整个人都不受控制

每个人都有一个心理上的极限，也就是人最大的心理承受能力。一个人的心理承受能力和他的心理健康是成正比的。简单来说，当一个人的心理承受力越大时，他的心理素质就会越好，心理健康状况也就越佳。

每个人的心理极限都是不同的，当他所承受的事情达到极限状态时，他将会失去最基本的思维能力，不受大脑的控制，这个时候，会很容易受别人的影响，被人牵着鼻子走。

前段时间，林小贝的单位来了新的上司。小贝因为聪明又很有才华，很快便得到了新上司的赏识。由于上司经常对她委以重任，被器重的小贝很开心，感觉像千里马终于找到了它的伯乐。小贝每天乐此不疲地全力完成上司安排的工作，并且完成得相当出色。

小贝不负所望的表现让新上司很满意，同时上司也发现小贝是一个非常有潜力的人，很期待她会有更好的表现。

有心栽培小贝的新上司常常安排新的任务给小贝做，以激发她的潜能。小贝也很享受这种潜能被激发的感觉，对待工作也是越来越卖力，越来越热情，不仅工作效率有了很大的提升，就连创造力都有了前所未有的增长，这让小贝很惊奇，她从没想到自己能成为公司的骨干。

然而，随着工作的增多，压力也就随之而来，小贝每天像一个陀螺一样，不断地工作、工作，上班是工作，下了班脑子里也总是思考工作上的事情，整个人的神经都处于紧绷的状态，导致她晚上睡觉都睡不踏实。来自工作的压力使她开始急于求成，她忘记了本来的工作模式该是什么样子的，甚至没办法静下心来思考，有效地完成工作。她觉得自己已经被工作

压得喘不过气了，当初的热情也被工作的压力消磨殆尽，就连平常的生活都过得一团糟。

以前的小贝，就算工作再忙都不会忘记好好享受生活。在上班前好好打扮一下自己，画一个淡妆，挑选一身得体的衣服。但是现在，工作中的挑战接踵而至，她不得不时时都以备战的状态来迎接每一天。别说享受生活了，她疲惫得连自己都照顾不好，每天匆忙地洗把脸就赶去上班，一日三餐随便应付。她哪里还是以前那个光彩照人、气定神闲的丽人模样。

随之而来的是上司的屡次批评，受到批评的小贝感到特别难过，想想自己这段时间的拼命却换来这样的结果，本来井井有条的生活和工作也都偏离了轨道。对工作自信满满的她从来没有像现在这样怀疑自己的能力。

其实，出现这样的结果并不是因为林小贝的能力不足，而是因为她所承受的压力远远超过了她能承受的极限，所以她才会失去最基本的思维能力，被工作牵着鼻子走，不受大脑控制，才使得生活和工作一团糟。

生活中有很多像林小贝这样身体或心理处于极限状态的人，如果你也碰到了这种情况，可以尝试下面几种方法来缓解：

（1）大声吼5分钟

人要懂得释放自己的怨气，懂得发泄，把心中的怨气发泄出去，你整个人便会轻松很多。

（2）多向家人或好朋友倾诉

宣泄你的不满，吐槽一下工作带来的不开心，很多事情憋在心里只会使你的情绪越来越紧张，多与人交流，说出心中的烦恼，推心置腹的交流或倾诉不但可以增进友谊，赢得他人对你的信任，还能使你精神舒畅，烦恼尽消。

（3）开怀大笑

笑声最能使人忘掉忧虑，哪怕我们真的处于极限状态的边缘，也要笑口常开。

（4）听一听轻音乐

音乐不仅能给人美的熏陶和享受，还可以消减压力，缓解疲劳，一段音乐过后，你就会觉得整个人都放松了。

（5）放慢你的生活节奏

不急不躁，踏实点，一步一个脚印地往前走，不急于求成的生活和工作才不会给我们带来过度的压力，更不会使我们处于极限状态。

（6）勇敢地面对现实

摆正自己的位置，认清自己，不要因为害怕承认自己的能力有限，而不敢勇敢地面对现实。面对和接受现实，才能更加努力地改变现实，才能把我们从极限状态中解脱出去。

第四章
人性：你怎么对我，我就会怎么对你

人性是复杂而多变的，有自私的一面，也有牺牲的一面，还有邪恶的一面……想在博弈中获胜，了解人性是必不可少的功课。

1. 利己是人的一种心理本能

我们都应听过"人不为己，天诛地灭""人为财死，鸟为食亡""宁愿我负天下人，不要天下人负我"等话，或许很多人觉得这样的想法和我们在书本上听到的道德标准相违背，我们不是更应该"利人"而非"利己"吗？

没错，学校教育的确是这样的，当我们还在幼儿园的时候，老师就告诉我们，好东西要大家一起分享；遇到他人有事情我们要尽自己最大的努力去帮忙；遇到不公平的事情我们要勇于站出来，伸张正义。利己主义思想，无论是在中国传统的儒家思想中，还是在后来的社会主义意识形态中，都是坚决反对的。在中国自古以来的价值观中，利己就是不道德的代名词，只有利他的行为才是被人们所称赞的。

但是我们应平心静气地、客观地来评价和反思一下自己，我们受了这么多年的教育，听了这么多年的道理，是否真的能够做到遇事先想到利他。也许确实有人会这样做，但是绝大多数人还是不能够做到。很简单，因为自我保护、维护自己的利益，几乎是人作为生物的一种本能，是人的一种正常的心理意识。

我们要利他，但承认利己的正当性和合理性也不是什么可耻的事情，因为利己并不是就不利他了，也不是就要对其他人造成伤害，而是做事情的时候有意识地趋利避害。没有人希望自己的辛苦得不到回报，没有人希望自己的日子苦不堪言，也没有人希望自己的生活是朝着不好的方向发展的。

利己并没有错，利己行为也不是不道德的行为，这只是人们的一种下意识表现，是自我保护。利己是人的本性之一，是维护个人和整个人类生存发展的基本要求。不管是利己还是利他的行为，都是一种符合人性的道德行为，只有害己害他的行为才是一种不道德的行为。只要不损害他人和集体的利益，利己就没有什么错。

在工作环境中，没有一点利己意识是非常危险的，常常面对的后果就是为他人作嫁衣。工作中，自己辛苦了半天，到最后可能自己的劳动果实让别人拿走，到时候你再去细究"为什么大家做一样的工作，自己的劳动果实却比别人的少"这个问题，就已经为时已晚了。利他是我们提倡的，却并不意味着我们就要放弃属于自己的正当利益，应该争取的部分，要自己捍卫才行。

2. 陷入"囚徒困境"该怎么办

所谓的"囚徒困境"是博弈论非零和博弈中最具代表性的例子，反映个人最佳选择并非团体最佳选择。

概念的来源是一个逻辑故事，两个嫌疑人作案后被警察抓住，分别关在不同的屋子里接受审讯。警察知道两个人有罪，但缺乏足够的证据。警察告诉每个人：如果两人都抵赖，各判刑1年；如果两人都坦白，各判8年；如果两人中一个坦白而另一个抵赖，坦白的放出去，抵赖的判10年。

于是，每个囚徒都面临两种选择：坦白或抵赖。然而，不管同伙选择什么，每个囚徒的最优选择是坦白：如果同伙抵赖、自己坦白的话放出去，不坦白的话判1年，坦白比不坦白好；如果同伙坦白、自己坦白的话判8年，不坦白的话判10年，坦白还是比不坦白好。结果，两个嫌疑人都选择坦白，各判刑8年。

如果两个人都抵赖，各判1年。这个时候，两个被捕的囚徒之间就展开了一场特殊博弈，通过推理我们就会发现，即使在对合作双方都有利时，保持合作也是困难的。

在"囚徒困境"的案例中我们可以看出，当两个人都抵赖，各判1

年，这样的结果是最好的了，从整体上看，所有的结果组合，都比这个付出的代价更大。

如果这是一件正在发生的事情，结果可能不会那么尽如人意，因为人的本性是趋利性的。这在整个生物界都是适用的，每一个人都希望自己是无罪释放的那个，这样的结果往往可能聪明反被聪明误，变成两个人一起承担最重的惩罚。

小李和小王都是刚刚入职的管培生，最开始的工作就是到各个门店协助活动策划和执行。两个人被分到了一组，因为年龄相仿，兴趣相投，两个人聊得也很好。但是，在一个活动中，由于没有注意，两个人所负责的一个门店的商品在展销过程中被损坏了。可是由于现场情况很复杂，并没有人发现是谁损坏的，根据当时说好的，活动的具体负责人是他们两个人，如果有什么事情发生也是由他们承担责任。

公司的领导找到他们，问具体责任是怎么落实的，事情的经过又是怎样的。这两个人很聪明，他们知道，如果自己说主要责任在对方，那么如果领导找其他人了解情况，只要有一个人和自己说的情况不一样，就会在领导的心里埋下怀疑的种子。同时还会给领导留下自己没有担当的印象，对于自己的同事来说，以后低头不见抬头见，万一传出去，大家以后就不太好相处了，所以他们都先把客观原因说了，然后尽量轻描淡写地说自己的失职之处，但对对方只字不提，只是一语带过。

由于他们都在近乎一致地强调客观原因，加上他们刚刚步入社会，经验确实不足，所以这件事被领导重重地拿起，轻轻地放下，并没有给他们多么重的处罚。

从这个故事中可以看到，想要从困境中走出来，我们可以采取忠诚的做法，这也是最直接有效的办法，可以防患于未然。一旦大家有了默契和忠诚，自然不会轻易地出卖对方。只要双方坚持，那么危害自然也就降到最低了。

3. 在危险面前，忠诚往往不堪一击

危险的时候，往往是考察一个人对另一个人忠诚度的最佳时机，肯在最危难的时候帮你的人，才是值得信任的。所谓患难见真情，一个正在与你共富贵的朋友，你是看不出他对你真正的情义的。但是一旦有危险的事情发生，人的本性往往就会暴露出来。

平时我们遇到"忠诚与背叛抉择之时，你会选择哪一个"这样的问题时，也许你会毫不犹豫地选择前者，摒弃后者。但在生与死面前，在富贵与清贫面前，在危险与安逸面前，你会坚守如一、不惧牺牲吗？你会战胜心魔、忠诚至上吗？

人性之中存在着很多我们不愿承认和触碰的负面力量，但是我们在社会中生存却不得不去重视这些问题，因为它们很可能和我们自己的切身利益息息相关。我们几乎都在电视剧中看到过这样的场景，危险来临时，曾经的那些"朋友"一个个因为各种理由离开，曾经的誓言不值一提，一起的经历几乎只能充当回忆。因为人的本能，那种趋利避害的意识往往会使一个人做出对自己最有利的选择，从而忽略道德对自己的束缚。

秦华是一个公司职员，因为性格好，大大咧咧的，平时和大家都很聊得来，所以在公司里人缘很好。但是，他这个人还有一个缺点，就是性子太直了，总是有什么就说什么，一点都不知道委婉地说话，结果显而易见，那就是容易得罪人。他身边仅剩下了几个所谓的"好哥们儿"。

年终到了，公司聚餐，大家都喝了点儿酒，趁着酒劲儿，很多人起哄要秦华说说来年加薪的事情。秦华喝了酒，加上一贯说话直，说起来有点刹不住车，絮絮叨叨地说了一堆，并抱怨上司这不对那不好的，然后通过这些得出结论：明年该给大家加薪水了。但不幸的是，他喝多了，领导还是很清醒的，听了这番话，领导很上火。就算是公司领导真的有问题，怎

么能在这种场合，这么理直气壮地指责上司呢？

等到春节过后，大家继续开始了新的征程，但是秦华发现自己似乎正在被那些同伴有意无意地疏远，大家见到他也不会像以前一样亲切地打招呼了，大家像约定好了一样。秦华觉得自己对朋友没的说，不至于自己做了什么连自己都不知道的事情，被人嫌弃了吧？这种状态一直持续到公司的裁员通知下来。秦华的性子虽然直了些，但是业绩还是不错的，秦华百思不得其解，为什么会这样呢？

原来，秦华上次的行为让公司的领导非常气愤，有的领导甚至说："既然他对公司如此不满，那就让他另谋高就好了，我们这里庙小，供不起这尊大佛。"

而他的那些朋友，早早地就嗅到了这种危险的信号，虽然当时是他们起哄的，但是他们并不想因此丢掉工作，所以就疏远了秦华。

秦华知道真相之后，既气愤又无奈。自己当他们是无话不谈的好友，他们却如此对待自己。一嗅到危险的气息，就和自己一刀两断，连一个为自己说公道话的人都没有，太薄情寡义了。

秦华的经历让我们看到了人性的黑暗面，我们活在现实的世界里，不是视忠义为天的武侠小说里。所以，一定要注意，职场中有忠诚，但是我们要时刻保持警惕，因为忠诚的存在往往是需要条件的；同时要明白，在危险和利益面前，人与人的关系往往是瞬息万变的，自己要有防卫意识。

4. 在利益面前，道德常常没有约束力

我们都知道，道德没有强制力，但有约束力，可它的约束力在利益面前往往并不起作用。有些人在道德和利益的面前，往往选择的是利益。

在少部分人眼里，道德在利益面前显得那么的苍白无力。有这么一句很经典的台词"并不是不会背叛，而是背叛的筹码不够大"。任何事情一

旦涉及利益二字，都会变得复杂。少部分人会为了它变得不择手段，不顾身份，甚至不顾脸面。

每个人都知道讲道德是高尚的，是我们应该遵循的。但是生活也是现实的。没有钱，不能谈吃饱穿暖，不能过富裕的生活，因为没有钱那些都是不现实的。所以，追求自己的利益，成了这个社会大多数人做事的基本动机。

我们的生活中曾出现过地沟油，出现过三聚氰胺，出现过红心鸭蛋。那些商人不懂道德的重要性吗？他们生来就不懂道德吗？当然不是，他们只是在巨大的金钱利益驱动下，将道德抛弃了。

再看那些被打的"老虎"，他们是国家的高级知识分子，他们都是经过层层选拔，作为社会的精英出现的。但是在利益面前，他们还是沦陷了。

不论是灵长类代表人类，还是单细胞生物草履虫，在可能出现的危机面前都会本能地趋利避害。而道德，是千百年来人们约定俗成的某种行为规范，它的基础是人们的共同利益及人类本能的恻隐之心。

它比不得法律，因为它没有法律的约束力和强制力，当然，违反了它也不会受到实质性的惩罚。

在人的一生中，常常需要去面对道德和利益的选择。可能我们都觉得选利益对不起自己的良心，选道德又对不起自己的本心。当你这样想的时候，首先不要质疑自己的品德，因为这是每个人都会面对的问题；其次，要在自己可以接受的范围内做出选择，因为你要考虑自己行为的后果。

所以，在利益面前，道德往往是没有多大的约束力的，在生活中注意这一点，可以让你避免很多不必要的麻烦；同时，当你正在做人生这道选择题的时候，记得适当地对自己好一点，因为你无法保证，如果你坚持道德至上，你的竞争对手是否也会这么想，正所谓防人之心不可无。

5. 敬畏强者：人的生存天性使然

每个人的成长都会趋向于一个好的方向，期望自己变得更好。就像奥运会倡导的精神那样，追求"更快、更高、更强"。而究其根本，在于我们敬畏强者。

强者拥有更加强大的能力，拥有常人所不能享有的待遇，掌握着过人的本领或者技术。人的天性中就带有追求优质、追求完美的意愿，那么敬畏强者，就是我们的必然属性。

我们常看《中国达人秀》《高手在民间》《最强大脑》等节目，会不自觉地对里面的选手产生敬佩的心理。他们其实和普通人是一样的，一个鼻子一张嘴，大家在法律上也是平等的，但是因为这种敬佩，会在自己的脑海中形成一个思维，就是自己和那个人之间的差距。而进一步的行为就是去学习和效仿，提升自己。

很多情况下，我们都会将敬畏强者概括为"榜样的力量"，通过对强者的推崇使得自身找到目标，从而向着更好的自己发展转变。

强者没有规定必须是谁，我们的生活中也是有强者的。他们或者有着过人的本领，或者在某个领域里做出了突出的成绩，或许在心理素质上强过他人，这些人都是强者。

强者在前进的道路上不停歇，在困难面前不畏惧，是积极向上的代名词。在生活和工作中，我们会不自觉地向强者看齐，按照他们的样子在心中规划自己。但是，有的人成功了，变成了强者，有的人则失败了，原地踏步。

或许你会问，这是为什么，那些失败的人都是骄傲自满的人吗？当然不是，你把强者的画像拿在手里天天膜拜，也是在天性使然下崇拜强者，可是这样并不能成功，因为你还缺乏最重要的因素——行动。

你崇拜杨利伟，因为他是中国航天第一人，过硬的心理素质和身体素质，都是他取得如此骄人成绩的资本。你可以在心里敬畏他，嘴上赞美他，甚至做梦的时候都对他充满了敬佩和向往，可是这些并没有什么作用，你不去行动，不去努力，依然是没有用处的。

除了行动外，还有就是你的学习精神。敬畏强者，向强者学习，不应该为自己设什么限制。有道是"三人行，必有我师"。我们在天性的驱使下渴求完美，那么就要取强者之强补自己之弱。

向强者学习，哪怕强者是曾经的敌人，也不应当成为一件难事。学习他人的长处是为了强大自己，为了不再受人欺负。

所以，在崇敬强者、学习强者的道路上，我们要做到：

第一，让自己天性之中憧憬完美的那部分释放，对强者的崇拜和向往对自己并没有多少坏处，尤其是学习他们身上那些好的品质和技能；敬畏强者，需要行动力，我们不能仅仅停留在想法或者口头上，更重要的是要有行动，真正向强者看齐。

第二，要知道，我们学习的是技能，是品性，强者是谁并不是关键所在，所以即使是站在自己对立面的人，只要他的身上有你认为是强者所具备的东西，你就应该毫不犹豫地去学习。

6. 礼尚往来的心理均衡效应

在中国，有一条传承了千年的社交准则，那就是来而不往非礼也。在社交往来当中，有来有往才是交往之道，一味地索取，是没有办法取得长久的社交联系的。

礼尚往来是我们与人交往的过程中遵循的最基本的原则，会使交往的双方都产生心理满足感，即"心里均衡效应"。你收到一本书，最起码要回给别人一支笔，这样彼此之间的交往才能继续下去。相反，如果你只收礼而不回礼，那么你就是在打破交往的规则，彼此之间的交往自然就很难维持了。

过年走亲戚是一项很传统的习俗，很多人会为了这件事耗费很多的精力、时间和金钱。这是维系自己社交的一个重要节日，要看的人很多，但是细细想来，自己看的那些人，往往在节日期间也会拜访自己家的人——或是来找平辈，或是来看长辈，带着礼物来家里走了一遭。而那些没来家里拜访的，或许你今年会去看，如果第二年对方还是没有来登门拜访你，你还会再去吗？

大家都会下意识地比较，自己是否在对方那里得到了同等的尊重，是否得到了差不多的回报，总是自己单方面地付出，没有几个人会接受。如果自己收到了对方的礼，理所应当地会想到还回去，以此来保持社交的均衡。

中国讲究礼尚往来已经讲了千年之久，很多时候，人们正是利用礼尚往来的心里均衡效应来达到自己的目的。

春秋时期，我国伟大的思想家、教育家孔子在家收弟子开坛讲学，引起了当时鲁定公的重视，随着孔子门人的增多，其影响力越来越大，经常到宫中讲学。

当时季氏一族势力最大，季府的总管阳虎特地去看望孔子，但是孔子却以各种原因不见他。虽然拜访被拒，但是阳虎知道孔子最讲究礼尚往来，他利用孔子性格中的这个特点，在一次去看望孔子的过程中，特地给孔子留下一只烤乳猪，才终于得到了孔子的回访。

阳虎的做法是对礼尚往来的一次成功运用。在我国，讲究礼尚往来，来而不往非礼也。礼仪重视的是相互交往，只去不来，不合乎礼仪；只来不去，也不合乎礼仪。礼尚往来从古至今传承，其背后深藏的是我们几千年来对人性的参悟。

很多如胶似漆的好朋友，往往就败在了没有礼尚往来上，他们觉得自己和朋友已经足够熟了，像什么中秋节你给我买个苹果，我就得回你个橙子完全没有必要。但是真的没有必要吗？

答案是否定的。就像我们每个人都渴望被肯定一样，每个人也都希望自己是被重视的。当别人在节日里送来礼物时，就是他对你们之间的这份友情的重视。试想一下，如果是你，你会希望自己是单方面的重视对方而对方毫无回应吗？

在人际关系中，礼尚往来有着十分突出的作用。

单位的小吴是家中的老幺，家里的长辈多，哥哥姐姐也都让着他，这使他从小就养成了唯我独尊的个性，认为别人对他的好都是理所应当的。

开始工作后，由于领导交给他的零碎工作很多，小吴经常没时间出去吃饭，同事们为了照顾他，经常为他带饭，帮他做工作什么的。

小吴则认为自己"忍辱负重"地留下坚持工作，很不容易，大家帮帮他也是应该的。但在大家需要他帮助时，他却十分不耐烦。如请他帮忙带个东西或者打印份文件之类的，小吴经常摆出一副"没看到我很忙吗？自己干！"的表情，直接拒绝。很多同事在一起的时候都会偷偷聊这件事，都说相互帮个忙有什么难的，大家平时不也帮了他不少吗？他是什么态度？

近一个月下来，大家对小吴的印象一落千丈，很多同事都不愿意和他打交道了。小吴却不以为然，回到家里就和父母抱怨自己的同事人品有问题。最终，他离开了公司。

小吴的失败之处就在于他没有礼尚往来，而是抱着只来不往的态度，觉得别人为他付出是应该的，而他只一味地索取而不想着回报，这注定他的社交是失败的。

我们在交往过程中，要学着像阳虎那样，利用礼尚往来的定律达到自己的目的。同时，也要注意，在人际交往中讲究有来有往，才能持续和长久，一味地索取或者一味地付出，都不是正常的社交该有的模式。

7. 每个人都有占便宜的心理

爱占便宜的事例在生活中很常见，我们身边有很多人都爱占便宜，比如说喜欢买打折和特价商品，于是催生了"双十一"，成就了让人咂舌的成交量。

事实上，很多人都不愿意承认自己爱贪小便宜的本性，因为爱贪小便宜在我们的生活中会被看作一种负面天性，如果说某个人爱占小便宜，你可能就不那么愿意和他交往了。但是我们想想自己，便宜摆在那里，你真的愿意放弃？一块香皂，单价9元和10元两块，没有特殊原因，你肯定会选择后者。推己及人，不外如是。

"90后"的小风毕业之后，自己开了一家手机配件商店。怀着满腔热情，他对于店面的布置费了一番心思。他的店里，除了各种型号的手机配件之外，还陈列着各种各样的物品：有靠枕等各种小件家居用品，有儿童玩具，甚至有茶水糕点，还有很多小工艺品等。物品种类繁多使得他本就不大的店面更显拥挤，但他的生意非常好。

有一次，一位顾客到小风的店里购买小米耳机。他看中了小风店里的一种款式，可是觉得有点贵，想着还一下价，看看能不能以更低的价格拿到手，双方一番讨价还价后还是没能达成一致，小风建议大家坐下来喝点水。

这位顾客发现小风这里的茶味道非常好，便忍不住问道："这杯茶用的是什么茶叶？"小风热情地为他介绍，说是自己去福建旅游的时候从当地一个茶园里购买的，并拿出了一包茶叶慷慨地送给了顾客，口中说道："不管你买不买我的东西，就当交个朋友，拿着吧！"顾客意外得到小风的馈赠，觉得占了便宜，十分爽快地买了耳机，并且认为小风是个为人大方、爽快、值得结交的人。并承诺说下次有需要还会再来，并且会将小风的店介绍给自己的朋友，帮他拉一拉生意。事实上，茶叶是小风专门用来公关的，像这种茶叶他还存有很多。如果顾客是带着孩子一起来的，那么他还有送孩子的小玩意儿。

小风利用人们这种想占便宜的心理，装作很慷慨地送给顾客东西。在这种情况下，顾客反而觉得是自己占到了便宜，进而愿意与小风达成交易。

买和卖本身就是商家和顾客之间的心理博弈过程。小风利用人们爱占便宜的天性，赢了这场博弈，而顾客则因为贪图便宜，成功地被小风拿下。

在我们的生活中，这种爱占便宜的心理，也是值得好好利用的，它不仅仅体现在买与卖的过程中，人情往来、待人接物都会用到。

理性对待自己贪便宜的心理，学会利用贪便宜的心理达到自己的目的，那么我们在生活中就占据了有利的地位，更容易达成自己的目标。那么，具体如何做呢？有如下两条建议供参考：

（1）对于自己来说，多想想占便宜的后果

当真的有便宜出现在你面前的时候，要学会甄别他人提供这些便宜背后的真实目的。想一想自己占了这个便宜之后有哪些后果，如会不会因为贪了"芝麻"而丢了"西瓜"。如果自己不贪这个便宜又会怎样，用理性的眼光审视眼前的便宜，才能让自己不因小便宜而栽跟头。

（2）利用人们贪便宜的心理，巧妙地达到自己的目的

很多人都喜欢贪便宜，丢出便宜给他们，然后引导事情向着自己希望的方向发展，有时可以在生活中达到自己的目的。比如那些送赠品的活动，利用的就是人们这样的心理。

8. 人格面具理论：人人都善于伪装

在我们现实生存的世界里，根本不可能有一眼就可以看透的人，绝对

的单纯只存在于童话世界里面。人人都需要适当伪装，将最好的一面放于人前，将糟糕或者黑暗的一面隐藏于仅对自己开放的小角落。

就像那些在演讲台上义正词严的企业家，那些在人前光鲜亮丽的明星，他们在背后如何，我们丝毫不知，而当那些"某某董事长行贿××万""某明星被曝吸毒"等新闻出来时，我们往往会非常震惊。

所谓"人格面具"，本义是指使演员能在一出剧中扮演某个特殊角色而戴的面具，而其意义延伸为隐藏自己真实的一面，以社会需要的面目示人。

人格面具的形成是普遍的，对现代人的生活来说更是重要的，其产生与教育背景有着非常密切的关系。它保证了我们能够与人，甚至与那些我们并不喜欢的人和睦相处。

张扬是一名初入社会的大学生，刚刚步入职场的她，很注意自己的言谈举止，将人格面具的理论充分运用到了实践当中。

由于张扬是新人，初到公司只能做一些零碎的事情，但是带她的那个人是个急性子，脾气比较暴躁，说话也比较直，很容易和人产生摩擦。

比如他让张扬准备一份资料，几乎每半个小时都会催一次，如果张扬哪里做得不好，他总是直接一顿批评。张扬心里是非常委屈的，自己是新人，如果哪里都没问题，那还叫新人吗？但是，张扬并没有将这种不满情绪外露一点点，而是从来都保持谦虚受教、认真改正的态度。

在其他人的面前，也只是说带自己的前辈的优点和其对自己的帮助，关于自己心里的不满绝口不提。相处下来，大家都觉得张扬这个人谦虚认真，对人和善，是个脾气好、有涵养的人。甚至有人说带她的那个人性格太不好了，大家以后都会在工作中帮张扬，如果有什么事情，张扬可以随时找大家帮忙。

舆论似乎都站在了张扬这边。同时，张扬也收获了社交的成功，在公司打开了人际交往的大门，很快就和大家混熟了。

其实，张扬真的毫无怨言吗，当然不是的，她也有烦恼，也有喜恶，但是她将这些全部隐藏起来了，而展现出大家希望见到的一面，为自己戴上了一张面具。

在现实生活中，一个人公开展示好的一面，其目的在于给人一个好的印象，面具恰好为适应各种社会交往提供了可能。我们适当地戴上面具，有时是为了掩饰自己，有时是为了工作需要，避免不必要的麻烦，保证能够与人，甚至与不喜欢的人和睦相处，实现个人的目标。

面具是特定的人在特定的场合所表现出来的心理活动的总和。人们会下意识地在不同场合使用不同的面具，适当地使用也是有必要的，谁会赤裸裸地完全将自己暴露在别人面前呢？这样自己不舒服，别人也不舒服。你在自己的公司里，对待同事是一张面具，对待客户是另一张面具；下了班，你和朋友聚会是一张面具，出门游玩是另一张面具；回到家里，对待母亲是一张面具，和老婆相处可能又是不一样的。这样有时候反而更利于化解矛盾，促进和谐。

面对这些既定的现实状况，你能做的就是，充分认识到人格面具在人格中的作用。要学会在生活和工作中适当地运用面具的艺术。同时告诫自己，面具人人都有，不要被坏人的面具迷惑了。

第五章
只有洞悉人心，才能轻松施展影响

人人都有警惕性和防备意识，这是与生俱来的自我保护机制。如果你想进入他人的内心世界，就必须打破其心防。

1. 究竟是真话，还是谎言

很多人都会说谎，或是为了利益，或是为了欲望，或是恶意，或是善意，这种情况无法避免。那么，既然我们不能阻止事情的发生，就努力地让自己变得强大，练就一双火眼金睛，识破那些貌似真话的谎言。

美国麻省理工学院的一位心理学家费尔德曼研究称，每人平均每日最少说谎 25 次。这个数量不算小，也许有人会说，真的有这么多吗？其实很简单，说谎这种事情往往是有着连锁反应的，往往说了一个谎言之后，要编出很多其他的谎言为这个谎言服务，填补其中的漏洞。

在社会交往中人们要做到不撒谎几乎是不可能的，因为我们总会在这样那样的原因下撒一些或大或小的谎。有些谎言无伤大雅，有些甚至是善意的，对于这些我们可以不那么较真儿，甚至可以一笑置之；但是对那些出于某种利益的谎言，我们却不能听之任之，而是应该仔细甄别，尽可能避免谎言造成的不良后果。

事实上，绝大多数人在撒谎的过程中，是会下意识地有一些动作或者惯性反应的，因为说谎这个过程，需要思考、组织，所以很多谎言并非无迹可寻。

一次在法庭上，某犯罪嫌疑人 A 对自己的罪行供认不讳，但是当问到他是否还有同党时，犯罪嫌疑人 A 表示，只有自己，没有同伙。法官却没有相信他的说法，而是让警方进一步追查。

而事实也的确如法官所料，犯罪嫌疑人 A 还有两名同伙在逃。经过警方的全力追捕，终于在不久之后，将其抓捕归案。

有一位警官很好奇，那个法官为什么如此笃定地认为犯罪嫌疑人 A 在说谎。带着这样的疑问，警官找到了当日的那位法官，说出了自己的好奇和困惑。

法官笑了笑，说道，其实并没有多么高深莫测。在庭审过程中，这名犯罪嫌疑人回答其他问题时都很流畅和连贯，但是在回答这个问题的时候，他明显出现了停顿，并伸手摸了摸鼻子，这是人在说谎的时候出现的下意识动作，所以我断定，这个犯罪嫌疑人没有说实话。

警官听了之后，回想了一下当时的场景，觉得的确如此。原来，那个犯罪嫌疑人的谎言之所以能被戳破，都是他的那些小动作出卖了他。

其实犯罪嫌疑人A的那些小动作，都是我们平日里习以为常的动作，想不到会成为推断一个人是否在撒谎的依据。

所以说，"若要人不知，除非己莫为"，只要行骗就有迹可寻。想必犯罪嫌疑人A也没有想到自己的小动作会成为法官发现他说谎的依据，甚至可以说也许他都没注意自己的那些小动作。但是经过法官的仔细观察，却让犯罪嫌疑人A的同伙暴露无遗。

我们在日常生活中，会接触到各种各样的人，他们说谎的时候，可能和犯罪嫌疑人A一样，会下意识地摸一摸鼻子，说话会产生停顿。但也有可能他们并没有这些表现，而是语言十分流畅，手脚动作也很自然，这也是有可能的。那么这样的话，我们是不是就一点办法都没有了呢？也不尽然，我们还可以试试观察一下其他的方面。

（1）观察眼睛

从小我们就听人说"我知道你在撒谎，因为你不敢看我的眼睛"这类话，其实并不是毫无依据的，因为人们在说谎的时候，常常会出现不敢正视一个人的眼睛，或者紧盯着某处，抑或频繁地眨眼睛，这些都是人们在说谎的时候，由于内心紧张而表现出来的。当有人在你的面前出现这些动作的时候，你就要有意识地甄别他的话，看他是否在对你说谎。

（2）观察面部表情

一个人的面部表情是其心理的直接反映，当一个人在说谎的时候，他的面部表情往往是不自然的，因为说谎的人会不自觉地出现紧张的情绪，所以会下意识地不断调节自己的面部表情。所以当一个人说话的时候，表情变化过快，也是说谎的表象之一。

2. 一眼看穿微表情当中的秘密

脸部是一个人的情绪和心理活动反应最明显的部位。和一个人打交道的时候，时刻注意他的脸部表情，会让你及时地知道对方的心理状态，帮助你获取有用的信息。

我们处在这个错综复杂的社会中，机遇与挑战并存。我们每天都要和不同的人见面、打交道，其中有很多人是我们之前没有接触过的，我们对对方没有丝毫的了解，这就需要我们在交往过程中保持谨慎，同时动用一切思维和方法，在最短的时间内探知对方的性格特征、个性习惯和真实目的。只有这样，才能在彼此的接触较量中占得先机，掌握主动权，引导整场心理战，使自己立于不败之地。

我们与人接触会有很多种方式，也许是文字，也许是声音，而最直接的方式，就是与人面对面的交流。这个时候，观察对方的那些微表情，就成了自己了解对方的最便利的方式。

所谓微表情，就是人们在谈及某个话题时下意识或者本能出现的面部表情，它常常代表着一个人目前的情绪或者想法。而因为微表情是本能出现的，所以它往往更具真实性，可以成为我们判断的依据。

王凯是一位培训老师，有一年暑假，他开办了一个补习班，因为他的教学质量素来有口皆碑，所以来的学生很多。

因为王凯是数学老师，往年办补习班只是补数学，但是今年他想把范围扩大些，所以补习班开办起来的时候，王凯还邀请了化学老师和物理老师一起参加。

面对王凯的开班情况，两位老师很好奇，为什么他能招收到这么多学生，仅仅是因为他的教学质量好吗？

王凯笑着解释道："当然不是。因为来补课的孩子多是成绩不太好的，他们在班上的时候，就羞于问问题。有时候老师给他们讲题，讲完之后问他们明白了没有，即使他们还有不明白的地方，由于不好意思，他们还是会说自己懂了。而在补习的时候，由于学生没有班里那么多，所以我会主动找他们，问一下他们哪里还有不懂的，并根据他们一些微小的面部表情做出判断，来帮助他们解决学习中的问题。"

两位老师听了之后恍然大悟，觉得确实是这样。看来以往是自己忽略了那些微小的细节。自此，两位老师也开始和王凯一样，有意识地注意学生一些微小的表情变化，及时和学生沟通，解决他们的问题。

最后，在补习班结束的时候，三位老师得到了家长和学生的一致认可和好评。

王凯通过观察孩子们脸上的微表情，了解孩子们对知识的理解程度和真实想法，来达到自己的授课目的。在生活中，我们也可以通过观察他人的微表情，获得对自己有用的信息，达到自己的目的。

一个人皱了一下眉头，张了一下嘴，瞪大了眼睛，这都是一些很小的面部微表情，在这些很微妙的表情下，是一个人的情绪、性格最真实的反应。

在社交过程中，有一些对微表情的共性认知可以参考。比如，交流时，眼睛向左看是在回忆事实，向右看是在编造谎话；惊讶的表情超过一秒就是假装出来的惊讶；提高右边的眉毛，表示疑问……所以微表情也是有规律可循的。

总之，我们在生活中，要时刻保持谨慎，仔细观察，洞悉那些微表情背后的秘密。同时，要注意自己是否会在微表情上泄露自己的情绪，如果需要，要有意识地加以注意。

3. 看懂眼神里的信息

眼睛是人的视觉器官，可是眼睛除了作为视觉器官以外，还能作为人们表达丰富情感的窗口。正如人们常说的"眼睛是心灵的窗户"，眼睛通过瞳孔的放大和缩小、眼球的转动、眼皮的张合程度及目光凝视来"传神"。

眼睛是心灵的窗户，最能暴露一个人内心的秘密。人的情绪和瞳孔的变化关系密切。通常情况下，那些令人厌恶的刺激会使人的瞳孔收缩；而令人高兴的刺激则会使瞳孔放大。科学实验表明，恐慌或兴奋激动时，会使瞳孔扩大到平常的 4 倍。

眼神可以传达丰富的信息，比如凝视就是如此。陌生人之间会尽量避免互相盯视；对敌人的凝视通常是怒目而对，体现的是威严；朋友之间的凝视传达的信息就更丰富了，可能是真诚，也可能是玩笑；当男性说假话时，往往很少正视别人；而女性则相反，她们说谎时一般会盯着别人的眼睛，以方便观察其反应。另外，说谎者在说谎前会眼神飘移，在想好如何说谎后，会眼神肯定；如果你冷静地进行反驳，说谎者会再次出现眼神飘移的神态。正是由于眼神如此的活泼灵动，所以人们常说眼睛会说话。

面孔是心灵的镜子，但是眼睛是面孔的泄密者。我们的面孔是一架精密的说谎机，脸部的 20 多块肌肉控制着我们的表情，我们可以借以编织出假面具，但眼睛有可能将你出卖。例如，开会时我们感到无聊，可是脸上却装出高兴的样子，但眼神的散漫无光则会表达出你无心参与会议的真实想法。

王华是公司推广部的一名员工，负责公司产品的推广工作。入职 3 年以来，他凭借优秀的成绩，取得了上司和同事的认可。当然，王华的出色也不是一朝一夕练就的，而是在每一次实践中积累经验的结果。

按照王华的说法，刚开始的时候，自己也是屡屡碰壁，有时候都想放弃了。但是，一次次的失败让王华认识到，向不同的人介绍产品时，重点、方式都要有所差别。

当王华意识到这一点时，就开始有意识地观察自己的推广对象。她发现，经过简单观察就可以基本判断对方是否对自己的产品感兴趣。

一次，王华到一家公司推广产品。王华发现，在自己非常卖力地介绍产品时，对方的眼光总是停留在别处。这个时候，王华便换了一种讲解方式，并从产品的其他特性入手，将对方的注意力拉到自己的身上。对方的目光飘忽不定，说明对方可能真的对产品兴趣并不大，这时候换种宣传方式，如开展题外话进行辅助，可吸引对方的注意力。

在案例中，王华通过对方的眼睛来判断对方是否对自己的产品感兴趣，就是在通过对方的眼神读懂对方的内心。

眼睛是不会说谎的。当一个人情绪发生变化时，瞳孔也会随之变化，这是他自己看不到的，但你能很清晰地观察到。一个人眼皮微闭、眼珠左右乱转、不敢正眼看人，那么基本上可以断定他心中有鬼；反之，诚实的人会安静而坦然地看着你，那种感觉是装不出来的；有些诡诈的人故意装诚实，但为了掩盖眼神中的不自信，他们往往会用力瞪着你。

眼神里流露出的信息，对于我们的社交活动而言，其实是更加有价值的，因为很少有人能够做到在眼神上进行伪装，在语言上伪装却很容易。

所以，在谈判或者与对方交流时，注意对方的眼神，它会给你很多信息。尤其是遇到那些沉默寡言的对手时，你可能无法从他口中听到更多的有用信息，但是你仍可以通过他的眼睛来捕捉一些或许连他自己都没有意识到的真相。

4. 激怒对方：情绪失控时防备最弱

在日常生活中，你是不是也有这样的经历：当自己愤怒的时候，说出的话，做出的事情往往是言不由衷、词不达意的，明明不是那个意思，但由于当时愤怒的情绪，偏偏让人误解，让自己有口难辩或者说不想辩；更有甚者，会做出令自己后悔的决定。

这是因为，在愤怒的情况下，我们的情绪会迅速盖过理智对自己的控制，做出一些让自己意想不到，但是对手意料之中的事情来。这也是控制他人心理的方法之一。一个人一旦陷入愤怒的情绪中，他所做的决定就会不那么清晰而冷静了，往往会存在失误，甚至与自己本来的计划背道而驰。

在谈判中，让对方处于愤怒的情绪中，其感性情绪会大于理性情绪，怒火中烧，做起事情来往往很少考虑后果，你即可寻找机会占据谈判的主动权。

在和别人交往的过程中，当你想了解对方的真实目的却又实在不知道该怎么办时，不妨试试这个剑走偏锋的方法，往往可以达到意想不到的效果。

日本前首相田中角荣是一个广为人知的社交高手，在他被卷进洛克希德受贿案之前，已经有种种传言说他和洛克希德公司关系亲密。这在当时，是每一位记者都很感兴趣的话题，于是很多记者铆足了劲儿以这个问题向田中角荣发难，但是口才极佳的田中角荣从未被绕进去。

这个问题似乎被田中角荣藏得密不透风。于是一位记者突发奇想，在一次盛大的记者招待会上向田中角荣提问："请问您是如何看待洛克希德案件的？"

这句话一出，全场气氛变得微妙起来。田中角荣像"被踩了尾巴的猫"一样勃然大怒，以致记者招待会一度中断。盛怒中的田中角荣丧失了一贯的冷静，几乎对那个记者咆哮着说："你是哪家报社的记者？"

那位记者很快从这句话中悟出了田中角荣藏在话语后面的潜台词："你是不想做这份工作了吗？"聪明的记者借着这句话大胆猜测出了田中角

荣与洛克希德受贿案之间千丝万缕的联系。

果然，几年后田中角荣因这起日本战后最大的商业受贿案被传讯受审，并被判处监禁五年，罚款5亿日元。

从上面所讲述的案例中，我们不难看出，这位记者提问的时候，在有意识地使用心理战术。为了使田中角荣在滴水不漏的行事作风中露出马脚，他采取了一种高明的心理战术，那就是激怒田中角荣，让他处于愤怒的状态，这样他在回答问题时，感情色彩就会愈加浓烈，很多问题的答案也会因此而呼之欲出。

情绪失控的时候，人的防备是最弱的，很容易就暴露出自己的弱点和底线。在日常交往过程中，我们也可以用这个方法，在社交中占据主导地位。但是还有两点需要提醒和注意：

第一，虽然通过激怒别人来获取你需要的信息或者达到自己预设的目的是一种不错的方法，却不能随便用，毕竟这是存在风险的，万一你把别人得罪了，那其他的就不用谈了。

第二，注意警示自己，当他人毫无来由地询问令你生气的问题时，你务必要保持一颗平常心，做到足够冷静，对方可能正有意激怒你以使你吐露出自己的真实意图。

5. 语言陷阱：一举揭开他的伪装

但凡参加过求职面试的人都有这样的体会，面试官往往会为面试者设置语言陷阱，来考察面试者的应变能力及综合素质。比如说面试官提问："你认为金钱、名誉和事业哪个重要？"这是一种诱导式的语言陷阱，对方的提问似乎是一道单项选择题，如果你真的按照单项选择题选了，就会掉进陷阱里。

仔细想一下，这三者有哪个是不重要的吗？对方的提问却在误导你，让你认为"这三者是相互矛盾的,只能选其一"。

这是语言陷阱应用的一个典型例子,在语言上设圈套,让别人按照自己的思路走下去,最终得到自己想要的结论或者信息。

两千多年前,战国时期的思想家韩非子就提出"倒言反事以尝所疑,则奸情得",意思就是说"用假话打探对方的可疑之处,能探听出隐藏的恶行"。当然,推广到今天,其用途不仅仅在探听恶行上,从更广义的范围来说,可以用来打探一切对方不想让你知道而你又很想知道的信息。再说得直白一点,就是为对方设置语言陷阱,用假的信息打探出你想要的真实信息,揭开对方的伪装。

其实在现实生活中,语言陷阱的运用是很普遍的,它可以用来辨别他人语言中的真假,帮我们获取自己需要的信息。

一天晚上,丈夫很晚才回到家里,并对妻子说自己在公司加班。对此,妻子表示怀疑,认为丈夫很有可能和朋友去泡吧了,但是妻子觉得如果直接问丈夫是不是去和朋友逍遥了,很可能会被丈夫搪塞过去,得不到真实的答案,这样的问题也就变得没有意义了。

所以,机灵的妻子会在自己的语言当中设下陷阱,等着丈夫上钩。比如说"哦,我刚才看电视,说你们单位附近发生交通事故了,车子都走不动,好多人围在那里,交警赶过去解决了,你是不是也在那里堵了好久?"接下来只要静观其变就可以了。

妻子在语言中构建的那个场景就是为丈夫设置的语言陷阱,如果丈夫说了谎,那么几乎可以一试便知真伪。他不知道是否该承认自己看到了这场交通事故,或者说他会想一下这件事情的真实度。如果这是妻子编出来的,那么他的贸然承认就等于宣告了自己的谎言,而如果他说没看到,但实际上确有此事,只是自己没有注意到,那妻子就很容易知道自己没加班。

最重要的是,他不管怎么回答,都会停下来思考一下,回答迟缓就是判断丈夫说谎的关键。因为如果丈夫真的在加班,那么他一定会马上回答的。

故事中妻子为丈夫设置的语言陷阱,经过了自己严密的逻辑推演,很轻易就能试出丈夫是否对自己说谎了。

揭露谎言,是当事人双方的一场心理博弈。被设置陷阱的一方,能否在有限的信息里找到对自己有用的信息,辨别语言中陷阱的存在,是双方博弈成败的关键。

在生活中,我们也时常会遇到这样的博弈。我们要有意识地识别别人为自己设置的语言陷阱,强化自己对语言陷阱的感知能力和应变能力。同时,在给对方设置语言陷阱时,要仔细推敲语言的逻辑性和连贯性,尽量少出现破绽,才能在博弈中立于不败之地。

6. 巧施"刺激"挖掘人心深处的秘密

你有被"刺激"过吗?你有没有发现,当人被刺激的时候,所做出的行为往往是下意识动作,一些伪装在刺激之下往往无所遁形,心底里最真实的一面也展露无遗。

人心灵深处隐藏的事情通过外在很难被发现,但是我们若能巧妙地实施一些刺激,就可以达到这个目的,挖掘出人心深处的秘密。

每个人在遇到刺激的一刹那都会产生一些反应,只要有心观察分析,就会发现这些细小的反应中潜藏着很多秘密。

在受到刺激之后,所出现的反应是人类本能地产生的,是内心想法的外在体现,它不受思想的控制,无法掩饰,也不能伪装。即使再能伪装的人,遇到刺激之后的第一瞬间也会出现反应,他的装只能出现在反应之后,作为反应之后的弥补和掩饰。

所以,恰当的刺激可以让我们收获意想不到的信息,来帮助自己在工作和生活中识破他人的伪装，挖掘他们内心深处的秘密。

周涛和李华是同一个部门试用期内的新人，表面上两人相安无事，各司其职，交往也不是很多。但是周涛和李华都知道自己和对方是对头：他们两个都是新人，半年的试用期一过，他俩只能留下一个，谁都希望自己能留下。可是从表面上来看，他们之间非常平静，但是大家都知道，这两个人之间都在憋着劲儿。

这天，周涛得知一个消息，因公司高层领导来视察工作，所以部门里特别忙。本来这是一个很好的表现机会，大家都应该争着做才对，但不知为什么，周涛似乎并不上心的样子，李华觉得很奇怪。

慢慢地，李华的这种奇怪感在他心里变成了不安。李华觉得周涛的反常有点古怪，但是又不能随便地质问他。李华想来想去，终于想到了一个办法。

李华在做事的时候，有意无意地向办公室里爱传消息的人说："我无论做那些基本的工作，还是做一些必要的专业性工作，都是可以胜任的。不像周涛，只能做一些基本的辅助工作，一到这种关键时候，就不行了，还得指望我。这要说起来，他真够差劲的，枉我以前还把他当作一个有力的竞争对手，搞了半天，原来是我自己太紧张了，他根本就没什么竞争力好不好。"

果然，这话不久之后就被传到了周涛的耳朵里，周涛听了之后勃然大怒，说道："这个傻子，真当别人都不如他呀，他也不想想，现在上层的领导还没到，很多都是准备工作，做了意义也不大，还不如再等等，等检查工作正式开始的时候，再表现自己。这样可以在这段时间找人把该了解的东西差不多了解了，到时候更好地表现自己，又不会因为现在揽的事情多导致自己到时候脱不开身。就他蠢成这样，还敢瞧不起我！"

李华因为心有疑虑，所以便巧妙地刺激了一下周涛，引导他说出自己内心的想法和打算，然后为自己的下一步行动做准备。

我们在生活中常常会见到这种情况，很多人往往是经不住刺激的，尤其是那些脾气火暴的人，这种方法是最奏效的。

必要的时候，用这种方法可以挖掘出对方的真实想法，对我们的行动和决策十分重要。同时，要提防自己的"敌人"也会这样诈自己一下，当心不要暴露自己的秘密。

7. 学会示弱，才能令人心无防备

在日常生活中，我们常用毫不示弱来形容一个勇敢的人，但时时处处不示弱的人能得一时之利，却难成为最终的成功者。反而是有些人，凡事忍让，不逞能，不占先，心境平和宽容，懂得在一些事情上示弱，不硬碰硬，并能以迂回的方式达到自己的目的。示弱，从而使自己相较于对方处于劣势地位，这样自己的要求便更容易得到满足。

很多时候，人们会觉得示弱是一种很丢面子的行为。一旦自己低头了，就会让人觉得自己很掉价，将来怎么在圈子里混下去。

其实认真想一想，一时的示弱可以为自己的发展赢来机会，让自己对于可能发生的灾难避而远之，何乐而不为呢。

所谓示弱就是将我们的弱势展现出来，用自己柔弱的一面博得他人友善的同情和理解，从而得到对方的全力相助。

示弱不是一种消极心态，而是一种人生大智慧，是快速拉近与他人距离的巧妙方法，也是逃离危险的有效招数。

在20世纪末的时候，芝加哥发生了大规模的严打金融犯罪的浪潮，一位名叫皮特尔的订单核定员因为订单造假而遭到警方的指控。

但由于证据不足，皮特尔在朋友的帮助下获得了保释。他出狱之后，很担心自己会再次被捕，便想让原来公司那位唯一看到他犯罪事实的速记员不要出庭做证，这样警方就没有证据了。

这位叫苏珊的速记员和皮特尔共事多年，按理说对他的请求应该会考虑的，但是当她听到对方的要求时，她断然拒绝了。她认为自己如果答应了对方的要求，不就是在说假话吗？这与自己一贯奉行的原则是违背的。

皮特尔见自己的劝说不奏效就让妻儿去请求苏珊，还述说了如果他们失去了皮特尔之后将要面临的困境。苏珊看着憔悴的妻子和可怜的孩子，曾经坚定的想法动摇了："是呀，失去了丈夫和父亲，她们要怎么过活呀！"苏珊动了恻隐之心。于是她决定帮皮特尔一把。

虽然有苏珊的帮助，但是有其他证人的指证和监控录像等证据，皮特尔还是被判了刑，这名出于同情他人而做伪证的女子也因此而遭到了起诉。苏珊不想就这样被判刑，便委托一位律师为她辩护，苏珊苦苦哀求那位律师，不仅讲出了事情的前因后果，也把自己的家庭情况不是很好的事情告诉了律师。就这样，律师又对苏珊产生了同情，就答应了她的请求。

这位律师一趟又一趟地找到法官，一遍又一遍地将苏珊因为出于对皮特尔妻儿的同情才做伪证的事实和苏珊家境极为贫困的情况说给他听。这位原本对苏珊的行为十分愤怒的法官也被感动了，自己的立场渐渐地偏向了苏珊。"是的，我真的很理解你为什么会这样做，真的。真正的错误并不在你这里，都是对方的错。"法官见到苏珊的时候说道。

"尊敬的法官，真的非常希望得到您的原谅和帮助。我们全家人都靠着我来赚钱养家，他们不能没有我！"苏珊用恳求的语气把自己家里的困难及自己是因为善良才会帮助皮特尔的情况向法官倾诉。

最后，苏珊获得了法官的支持，逃过了牢狱之灾。她的律师完成了他人认为绝对不可能成功的辩护。

上面的这个故事，让我们见识到了两次示弱所带来的结果。很显然，适当的"示弱"，可以让自己在困境中更容易获得别人的帮助，从而达到自己的目的。

在现实生活中，我们会遇到比自己强很多的对手，这个时候，我们与其强硬地和他抗争，不妨对他示弱，这样反而会得到更好的结果，因为在一个实力比你强很多的对手面前，你无谓的抗争注定会失败。

示弱，可以让我们将对方的敌视和嫉妒转化为同情和怜惜，让对方得到心理上的慰藉和平衡，从而减少你在说服对方或者向目标前进时的阻力。不要总是彰显自己有多强，还要学会告诉别人自己的不足之处，可以让别人获得满足感，双方才能更加愉快地相处下去。

所以，在必要的时候，学会低下你那高昂的头，示弱一下，以便更好地实现自己的目标。

第六章
慧眼识人：你也能练就火眼金睛

人生的重要一堂课，是要学会识人辨人。听其言、观其行、知其意、感其性，才能识别伤害，避免错判，找到那些最值得合作和信赖的伙伴，成为职场高手、社交高手。本章教你看人看到骨子里！

1. 穿着打扮里的识人"玄机"

国学大师郭沫若曾经说过:"衣服是文化的表征,衣服是思想的形象。"俗话也说:"人靠衣服马靠鞍。"服装是表达自己个性和内在的一种途径,是人的第二层皮肤,一个人的着装可以反映出这个人的性格和内在品质。

人们穿衣服的风格,如果不是有什么特殊原因,一般来说是不会变的,所以我们往往可以通过一个人的穿衣风格来了解他的品性。

在生活中,如果我们仔细观察,就会发现不同个性的人有着不同风格的穿着打扮。比如,一般来说,穿着大方、朴素的人,性格比较沉着、稳重,他们往往为人厚道,做起事情来很认真,原则性很强,具有高度的责任心;着装不修边幅的人常常是精力旺盛的人,这种人不喜欢被人指使,喜欢带领他人做事。他们不适合从事基层的工作,大部分人都喜欢到社会中闯荡做生意。

再比如,经常穿单一色调衣服的人,大多比较正直、刚强,理性思维较强,感性思维较弱;经常穿淡色衣服的人个性比较开朗、活泼,表达能力较好,擅长交际;常穿深色衣服的人,不太爱说话,性格比较稳重,深谋远虑。

李月大学毕业,和几个同学一起开办了一家服装公司,由于公司的会计突然辞职,需重新招聘一名会计。李月负责整个公司的人事工作,所以基本上所有的面试都由她一手包办。

这天,公司来了一位有两年工作经验的面试者。见这个女孩子第一面的时候,李月觉得她应该是一个现实主义者,穿着白衬衫、职业套装、制式皮鞋,这样的人对工作力求完美,并且做事一丝不苟。"不错,和心目中的会计形象倒是很相符。"李月心想。通过面试,李月觉得这个女孩子还不错，就让她先过来试试。李月告诉她，平时的工作着装没有要求，可以随意些，风格自己喜欢就好，不一定非要穿职业装。

女孩上班后，果然如李月所想的那样，做事认真负责，除此之外，李月还发现，女孩很喜欢穿长袖的衣服，几乎每天穿的衣服都是长袖的。

意识到这一点，李月想到这样的人往往都是保守派，喜欢遵循规则做事。他们的冒险意识很淡薄，却对自己的人生有着很高的期望，往往会产生怀才不遇的心理。这类人很重视他人对自己的看法，内心很渴望得到他人的尊重和赞赏。

这个女孩工作能力确实很强，李月希望她可以留下来，于是便和财务部的领导交流，希望在日常工作中多给女孩一些鼓励和信任。

女孩也不负所望，在自己的工作岗位上做出了成绩。后来，女孩说自己之所以跳槽，是因为上一家公司太不重视员工，在那里觉得自己毫无存在感。

按照一些有迹可循的识人规律，李月成功为公司招揽来了一位不错的员工。从穿衣打扮上洞悉他人个性，有时候是了解一个人的很好的方式。

想必你也曾有过这样的体会：在无数的衣服之中一眼相中了一件衣服，穿到身上感觉它就是为你而设计的。那么这件衣服真的是为谁量身定制的吗？当然不可能，衣服是面向市场上的广大受众的，只不过这件衣服就代表了你此时的风格品位。虽然人会在不同的场合穿不同的服饰，但风格基本上是不会变化太大的，了解一个人的穿衣风格能更好地了解一个人。

因此，从他人的衣着打扮，我们可以看出他们的性格特征，这样就能根据其性格与其更好地相处。

2. 人以群分：观察他的朋友们

所谓"物以类聚，人以群分"，说的就是一个人的品性会通过他身边的朋友显现出来，兴趣相投的人往往愿意聚在一起，因为会很容易找到共同语言。

世上的人，各从其类。读书的和读书的交朋友，种田的和种田的交朋友，等等。志同道合才能使大家在彼此身上找到共同点。很多时候我们会发现自己和朋友之间往往有着惊人的相似之处。而正因为这些相似，我们才会了解彼此，才会产生"一见如故""相见恨晚"的情感。

有一篇文章说道：很多人说自己周围的情况，月入上万的人说身边的朋友都是月入上万甚至更高的，月入几千的人说身边的朋友工资都是三五千元。

当我们想了解一个人的时候，可以从了解他的朋友入手。一般来说，喜欢结交性格直爽朋友的人，自己的性子肯定也是大大咧咧、不拘小节的，否则难以相处下去；喜欢结交做事细致认真、一丝不苟的朋友的，那么这个人必定也是心思细腻之人，否则无法达成共识；那些喜欢极限挑战的和喜欢散步的就很难在一起玩得嗨，因为他们的步调不一致，一个太快，一个太柔。

张宇是一个进取心很强的人，来到单位近两个月了，他很想找自己的老板谈一下自己的营销设想，希望得到老板的支持。但是无奈，在张宇来公司的这些天里，老板不是在忙工作没时间和员工交流感情，就是在应酬或者出差。一个月也就见他五六次，而且以张宇目前的情况来看，也很难和老板搭上话。

张宇问了一下同事，了解到这段时间是公司的销售旺季，正是忙的时段。过段时间等事情都定下来，老板就可以闲下来了，到时候，有什么要找老板沟通协商的，再说不迟，现在找他，很有可能会撞到枪口上，还不如等等再说。

张宇一想也是，自己现在对老板一无所知，这样贸然找他，万一哪句话说得不对，岂不是自己的策划也要泡汤？还是先做些功课吧。

虽然老板见不到，但是在本层楼有好几个部门主管，听说他们私下里和老板的关系都很好，有几个甚至是老板的好哥们，他们经常一起吃饭聊天。于是，张宇对这几个人进行观察，并结合一些其他的信息，对老板的处事风格、兴趣爱好等都掌握得差不多了。

过了一段时间，张宇觉得是时候了，就带着自己的策划案，按照老板最喜欢的形式进行了讲解。效果很好，得到了老板的肯定，也让他在老板面前狠狠地露了一下脸。

张宇的故事说明通过了解一个人的交际圈，也能够很清晰地了解一个人的基本情况。他的生活、兴趣、工作作风无一不和他身边的朋友有关系，仔细观察，就能得到自己想要的答案。

我们在生活中也要注意，当从人物本身难以了解到自己需要的东西的时候，可以从他的朋友们入手，如果你能把他的朋友圈摸清了，那么这个人你基本上了解得也就差不多了。另外，这也告诉了我们一个道理，那就是要结交一些优秀的人，因为圈子对一个人的影响很大。

3. 读懂肢体动作的心理含义

可能大家都知道可以通过观察一个人的面部表情来了解他的情绪，了解他的心情，却很少注意到肢体动作的作用。在很多时候，肢体动作也会在不经意间暴露一个人的心理。读懂一个人的肢体语言，对于我们了解一个人同样很重要。

肢体动作中往往传达的是一个人内心真实的想法。有些信息很难从他人的语言和面部表情当中获取，但是通过肢体语言可以了解到大量的信息。

举个简单的例子，你和一个人见了面，他可能显得十分热情，诉说着这么久没见的思念和见到你的高兴。不仅如此，观察面部表情，你更会对这番说辞深信不疑。但是，在一起行走的过程中，你会发现他总是与你隔着一段距离，吃饭的时候下意识地与你隔着落座，和你交谈时总是不经意就拿着手机玩起来。那样的话，你还会认为他说的是真的吗？恐怕到时候你的心里又是一番感受了。

相关科学研究显示，当一个人向外界传达某种完整信息的时候，单纯地使用语言的部分只占7%，而肢体语言则占到了55%。也就是说，一条信息的绝大部分都是依靠肢体语言来传达的。同时因为肢体语言通常是一个人下意识的举动，是一个人的本能反应，因此它很少具有欺骗性，是可以信赖的语言之一。所以在了解他人的心理状态时，其肢体动作可以作为很好的参考。

乒乓球是中国引以为傲的一项运动，但是在一段时间里，乒坛常青树瓦尔德内尔总是中国乒乓选手夺冠路上的拦路虎。为此，中国的乒乓球队很是苦恼。

为了找到瓦尔德内尔的软肋并战胜他，中国乒乓球队的教练员和运动员们可谓下足了功夫，不仅在自己的训练上不断加强力度，提高自己的对战技术，并且反复地观看有关瓦尔德内尔比赛的录像，以期可以得到一些帮助。

功夫不负有心人，在看了不知道是第几遍之后，他们终于在那些视频当中发现了一个很有意思的现象，那就是每当瓦尔德内尔在比赛最紧张的时候，他都会下意识地提一下袜子。虽然是一个很小的动作，但是足以令挖空心思观察了半天的人们兴奋好久。

根据瓦尔德内尔的这个小动作，大家都觉得也许可以好好利用一下，因为比赛比的不仅仅是技术，还有临场发挥能力和心理素质。于是大家开始想办法，根据已经掌握的讯息来提高自己赢的可能性。

"后来，我们和瓦尔德内尔打比赛的时候，只要看到他提袜子，立刻就有招了，而且很灵。"世界冠军王涛这样说道。瓦尔德内尔不经意间的动作暴露了自己的弱点。

在我们的生活中，无论是手、脚还是头，很容易做出下意识的动作，这些动作之中，就蕴含着一个人的情绪信息。

比如说在开会讨论某个观点时，你发现坐在对面的同事在你发言时，向右歪头或用右手辅以动作，你就基本可以断定他对你的观点是有一定的认同的；一个人如果做出双手指尖相对的动作，通常意味着此人对某事胸有成竹，或者是自信度非常高；当一个人处于怀疑或需要抉择的情况下，通常会不自觉地用手指去搓或者去抠手，最典型的行为就是手握成拳状，拇指与其他手指搓动，或双手相握时，用一只手的拇指搓或轻抠另外一只手的手掌心……

仔细想一想，我们所做的每一个动作都不可能是没有丝毫意义的，下意识的肢体动作，是更诚实的一种语言。我们在生活中也要注意，和别人交流时，要注意别人的肢体动作，那里往往有你在语言和面部表情中得不到的信息；同时也要注意自己，了解自己的"小动作"，为自己可能遇到的各种情况做准备。

4. 听懂口头禅里的弦外之音

你有自己的口头禅吗？你身边的人呢？他们是不是都有一句彰显自己个性的，又时常挂在嘴边的话呢？口头禅是我们生活中都会碰到的一种现象，很多人都有属于自己的口头禅，这并不是什么稀罕事，但是你知道吗，口头禅里有时候有可能隐藏着一个人的性格信息。

或许有的人觉得口头禅只不过是随口一说而已。平时谁会在意这个，说者是习惯使然，听的人也是听过就算了，但真的是这样吗？

下面是一些很典型的口头禅，只要一听，我们就可以基本上了解一个人的大体性格，比如：

喜欢说"不给我面子"——爱说这句话的人，好生事端，性格可能很尖锐；

喜欢说"压力山大"——爱说这句话的人，性格胆小怯懦，承压能力也不强；

喜欢说"完了，完了"——经常说这句话的人，做事没头没脑，容易陷入消极的情绪中。

如果你身边也有说这些口头禅的人，对比一下就会发现，其实真的是这样的！人的口头禅和人们说话的风格一样，都是具有鲜明特征的。

这些信息都是我们平时注意一点就可以听到的，对于我们的社交、工作都很有帮助。甚至有很多单位的领导人都会对员工的口头禅加以注意，来判断一件事是否可以交给这个人来做。

单位里有一个叫王鑫的人，他最常说的一句话就是"有些事不是我能控制的"，平时还好，大家听过笑笑就算了。但有一次公司开会，王鑫却将自己的这句口头禅挂在了嘴边。

会议上，王鑫说："你知道有些事不是我能控制的，虽然我已经制订了和产品相配套的营销策划，但实际情况如何还要看消费者买不买账。"

总经理问道："那么你如何认定这款产品就能被那些女性接受呢？"

"每个年龄段产品目标消费者的关注点不同，有些事不是我能控制的，我所能做的就是让我们的广告打动消费者。"

"这些我能了解，那你能确保它能从那么多同类产品中脱颖而出吗？"

"有些事不是我能控制的……"

王鑫还没讲完。总经理就打断他的话说："打住。我要是什么都知道还问你做什么。还有，你有什么事情是可以控制的？我建议你先把自己的说话水平提高一下，现在换个人来介绍这款产品吧。"

王鑫和同事抱怨："没有发生的事情我怎么控制得了，我现在跟他保证，要是真的出了问题，难道要我负责任吗？"

大家一开始也觉得似乎是经理要求得有些过分了，后来一位资历较深的员工说："你们难道没有发现吗？王鑫平时做事就害怕担责任，做事没有责任心，总是担心千万别有什么不好的事情落在自己头上，久而久之就有了'这不是我能控制的'这么一句口头禅。经理虽然没怎么认真了解过他，但是王鑫开会时总是将这句话挂在嘴边，确实很让人火大。"大家听后想了想，觉得确实是这样的。

"有些事不是我能控制的。"因为这样一句话惹上司生气，王鑫的例子让我们看到了口头禅的影响力；同时，也让我们知道了，口头禅的形成并非没有缘由。所以，一个人的口头禅里也是藏了不少信息的，我们要学会辨别这些信息，并恰当地运用它。同时注意自己是否有口头禅，自己的口头禅是否有不妥当的地方。

社交活动中，语言的沟通是最为重要的。我们都试图让自己的语言变得更得体、更传神。不过在很多时候，一句不合时宜的口头禅，会不经意间抹黑我们的形象，让我们在别人的印象中一落千丈。

所以，口头禅这个东西对于我们的日常交际来说是非常值得注意的，一定要引起重视，学会通过别人的口头禅，了解他是什么样的人，自己如何与他交往等。同时，要注意自己有没有不当的口头禅，及时改正过来。

5. 通过"面相"也能准确识人

我们在初识一个人的时候，会在心里发出一个声音，"这个人看上去很好说话的样子，可以尝试聊一下"或者"这个人看着就不好相处，离她远点吧"。类似这样的想法，在之后的实际接触中往往会被证明是正确的。这是为什么呢，我们对他人并不了解，凭什么在看到别人的时候就下结论？其实，这就是面相的原因。

相由心生是说一个人的个性、内心可以由他的面相看出来。所谓"面相",基本含义是指相貌。所谓相由心生,是说性格是好是坏,是善良还是凶恶,从面相上都是可以看得出来的。

有这样一个故事,讲的是一个情绪暴躁无常的雕刻师,他相貌比较丑陋。大家有时候会找他雕刻东西,他的态度都不是很好,老觉得别人在轻视他,雕刻出来的人物总让人看了不舒服。

他的生意很差,为此他十分苦闷,于是去寺庙求教方丈。

方丈让他雕菩萨,他开始的时候愣住了,虽然不知道为什么,但还是老老实实地雕了,一遍又一遍,一个又一个,却总是没有多少进步。他心里烦躁,下手愈发没有章法,雕坏了好几个,那些雕成功的也都形似而神不似。

方丈说:"你可知道为什么?你心思急躁,又没有一颗宽厚、仁慈、大度的心。你总是把人往坏处想,大家观你面相,都不敢亲近你,问题出在自己身上啊,年轻人!"

雕刻师顿悟,从此与人为善,从好的一面去看人看事,再雕菩萨,慈眉善目。当他再取铜镜自观时,觉得自己眼神温柔平静,再也不是那么不堪入目了。附近的邻居也发觉了他的变化,觉得他虽然长相严肃了点儿,但是人很好,其实并没有多丑陋,慢慢大家都开始愿意和他交往了。

有的人本来很俊却让人越看越丑,有的人本来很丑却让人越看越俊,这些不仅仅是穿衣打扮的因素。心胸眼界开阔自然气宇轩昂,心高气傲自然眼神浮躁、目中无人,慈眉善目是装不出来的。所以才会有人很耐看,有人只能在年轻的时候让人惊艳一下。

一个人的神态,如精神、气势、气韵等,都可以反映到他的面相上。我们平时也可以据此来观察自己的社交对象,确定合适的社交方法,以便尽早取得自己想要的效果。

第七章
一只看不见的手：无处不在的影响力

广告、新闻、网络、舆论、权威……我们每个人都在被不同的因素影响。但绝大多数人并没意识到这一点，那么如何才能看到无处不在的影响力呢？

1. 你是容易被影响的人吗

因为父母的工作调往他处，珍珍不得不转到一所新学校上学。在那里，她为了与新同学打成一片，付出了很大的努力，如送同学们礼物、给同学们买各种零食，可是同学们仍旧对她不理不睬。

转眼元旦快到了，珍珍觉得这个时机很难得，她决定邀请班级里女同学到家里共度元旦佳节，但这是一笔很大的开销。珍珍的母亲觉得有些为难，于是和女儿商讨能不能少请几个同学。哪知道，珍珍居然吵吵闹闹，不管母亲怎么解释她都不肯答应。无奈之下，母亲答应了这件事。在元旦聚会上，同学们玩得十分尽兴，她们丝毫不见外地吃喝玩乐，珍珍也很开心自己终于得到了同学们的认可，获得了同学之间的友谊。

然而，珍珍所认为的友谊并没有一直维持下去。新学期开始后，这些女同学又对她若即若离了。因为她们心知肚明，只要一直与珍珍保持一定的距离，她就会竭尽全力地用物质满足她们的欲望。这样下去，她们就能一直获得好吃、好喝、好玩的东西了。所以，珍珍被她们无所顾忌地玩弄于股掌之中。

案例中珍珍无意中被女同学们利用和影响了，珍珍为何这么轻易就被同学们影响呢？因为她自身存在被人利用和影响的因素。那么，容易被人利用和影响的人身上有哪些特质呢？

（1）负能量

当一个人身上拥有太多的负能量，如愤怒、焦虑、忧郁等，就会很容易变成具有攻击性的人，易与他人产生冲突和矛盾。这种人在影响者的眼中也是首要目标，因为他们总是会使自己落入孤独无助的地步。只要这样的人隔绝与外界的信息后，影响者就很轻易地对他们进行洗脑。所以，我们要学会合理地释放负能量，与外部信息时刻保持一定的交流，这样才不会让我们局限于一个集体中，不容易被影响者利用。

（2）奉承

很大一部分人认为自己是为了帮助别人而存在的，对别人的需求，不是一而再再而三地应允，也不是因为善良而去帮助别人，只是将自己的心情与他人对你的期望保持高度一致，最后只会让自己活得筋疲力尽。现代社会中，没有一个人是为了满足他人的需求而存在的，我们没有必要活得那么渺小，别人对我们的评价和期望不应该成为我们活着的追求。

（3）犹豫不决

对于这种人来说，拒绝别人不是一件容易的事情，因为他们会觉得拒绝别人使自己充满愧疚感，他们将说不理解为令人失望。控制者最钟爱这类人，因为他们总是迁就或凑合。事实上，对别人不合理的要求说不并不是一件伤人的事情。当然，犹豫不决的习惯不是一天两天就能改掉的，如果觉得无法说出口，不妨试试巧妙地转移话题，或是微笑着摇头表示自己的态度，接着保持沉默。

（4）没有主见

没有主见的人也是缺乏自控力的人，这种人在人际交往中无法拥有满足自我的能力，就会面临索取和索取不得后的冲突或不平衡。如果你希望挣脱别人对你的操控，那么你就要有责任感，发掘自己的个性特点，使彼此的关系变成互相鼓励而非相互索求。

如果你有以上特点中的任何一个，就证明你是容易被他人影响的人，这时你便要当心了，一定要克服这些缺点，避免神不知鬼不觉地被人影响。

2. 无处不在的"清醒催眠"

每个人身边都有这样一类人：他们总能轻易影响他人，是所在圈子里的领袖，拥有一批忠诚的粉丝……为什么他们可以轻易拥有影响力，在说服博弈中占据有利地位，而我们却只能手足无措呢？

事实上，绝大多数人都不知道自己是如何被影响的。影响力是一个非常复杂的心理运作机制，俗话说"知己知彼方能百战不殆"。我们要想拥有强大的影响力，可以轻松在博弈里取得胜利，就必须了解自己，了解自己所处的社会和空间。

电视、电脑、手机、报纸、广播、小说、新闻……这是一个信息爆炸的时代。我们每个人每天都会接触大量信息，这些信息中既有电视广告，也有网络段子，既有各种新鲜事，也有来自身边人的碎碎念，身处其中的我们往往很容易忽略这些信息。事实上，这些信息无一不会对我们造成"清醒催眠"。

所谓"清醒催眠"，即人在意识清醒的状态下，受一些因素的影响，从而产生受暗示效果的催眠现象。

"90后"的小张超级喜欢网购，不管是衣服鞋帽还是日化用品，通通都在网上买。原本小张囤了一大批日化用品，换季衣服也都添置齐全，加上最近一段时间手头比较紧，所以她打算未来3个月内不再网购，再买就剁手。

一到11月，网上铺天盖地都是关于"双十一"的广告宣传。论坛、新闻、网页弹出的广告……处处可见"双十一"的信息，再加上小张的同事、朋友们都是年轻人，大家讨论的话题也都是"双十一"。

"我已经选了好多东西放进购物车了，就等双十一打折呢！小张，你准备买什么？"

"小张快来看，××的折扣好低啊，超级划算，估计未来都不会有这么低的价格了，你确定真的不买？过了这村就没这店了哦！"

"双十一顾名思义就是光棍人士的狂欢，既然没有对象，就得买买买，这才是过节呢！小张，你一个光棍不购物，岂不是好凄凉啊。没人心疼，咱就自己买东西心疼自己,反正一年也就这么一次。"

…………

在各类广告及周围朋友们的各种劝说下,小张最终还是没能忍住"买买买"的冲动,但"双十一"过完后,小张看着自己几千元的信用卡账单,还有买回来的一堆没多大用处的东西又开始无比后悔。

其实,小张之所以会打破自己"未来3个月不再网购"的计划,而加入买买买大军,有相当一部分原因就是被"清醒催眠"了。卖与买,这也是一个心理博弈的过程,小张因为被"清醒催眠"了,所以输掉了这场博弈,沦为了商家"宰杀"的"羔羊"。

我们日常生活中接触的各种广告是非常典型的"清醒催眠"刺激源,此外专家、明星、企业家、科学家等知名人士的观点言论,小圈子里意见领袖的话语,周围的社会舆论等也会形成"清醒催眠"。

识别"清醒催眠",强化自己对"清醒催眠"的免疫力对博弈的胜负至关重要。如果你想在博弈中获胜,就必须远离"清醒催眠"的影响,躲开这种看不见的影响力,那么具体来说我们应该怎样做呢?

(1)反思法

人是社会性动物,无法避免接触带有各种暗示的信息,所以要想避免被"清醒催眠",我们就要遇事多思考,尤其要多反向思考。比如,当某专家发表了××观点时,应当想一想,专家说的就一定对吗?这种观点是否经过了实践的考验,是否有足够的论据和实验支持……如此一来,自然就不会因盲目迷信权威而导致博弈失败了。

(2)免疫法

每个人受周围信息影响的程度是不同的,有些人很容易被影响,而有些人则很难被影响。不论你属于哪类人,只要进行有针对性的训练,都能有效地提高自己对"清醒催眠源"的免疫力。免疫法的训练主要是强化独立思考能力,一个遇事有主见、有主意的人自然不会轻易被别人动摇想法。

3. 从众效应：山羊为什么排队跳崖

科学家们经过观察发现这样一种现象：羊群这一组织散乱无序，众多的羊待在一起，总是盲目地左冲右撞。但奇怪的是，如果这时有一只头羊率先动起来，其他的羊便会不假思索地一哄而上，根本不管前方是鲜美的青草还是悬崖峭壁。人们把这种现象称为"羊群效应"，用来比喻人们经常受到多数人的影响而从思想或行为上跟从，因此这种现象也被称为"从众效应"。

从众，最直白的理解就是随大流。比如今年流行哪一种款式的衣服，人们就会争相效仿购买哪一款，导致一时间全世界随处可见那种款式的衣服，人们也不管适不适合自己，因为谁也不愿意"落伍"。其实，你是真的欣赏这个所谓的流行款吗？可能连你自己都不知道。

曾听说过这样一个故事，有个人在街上闲逛，忽然看见一条排得很长的队伍，以为是商场在搞什么促销活动，于是在没有了解清楚的情况下，马上站到队伍后排队，生怕错过什么购买便宜货的机会。等到排在自己前面的人越来越少、队伍拐过墙角时，这个人才发现，原来大家排队是为了上厕所。

上面这种情况，就是当代社会很典型的羊群效应，很多人就像盲从的羊一样，根本不知道自己的方向在哪里，而是跟着别人以为的时尚走，还自以为自己真的在追逐时尚。

很多时候，意见本身并没有多大的说服力，从众不过是因为持某种意见的人比较多罢了。"人多"本身就是一种说服的证据，在众口一词的情况下，人们就会怀疑并改变自己的观点和意见。

一位心理学家曾做过这样的一个实验：他在大学生中招募一批志愿者参与实验，并将他们中的每7个人分成一个小组，并让这7个人坐成一排。

然后在这 7 个人当中，提前选出 6 个人作为实验合作者，剩下的 1 个人作为被试者。

实验开始后，心理学家每次向大家出示两张卡片，并就卡片中的相关内容提出问题。心理学家先让实验合作者回答问题，然后被试者再回答问题。经过几次测试，实验合作者和被试者的答案都是一样的。

在后面的几次测试中，心理学家让 6 名实验合作者都按事先安排好的错误的答案回答。于是，一种与事实不符的群体压力便形成了，这时心理学家趁机观察被试者会不会受群体压力的影响发生从众行为，结果发现：

没有发生从众行为并且坚持自己答案的被试者，大约只占总测试人数的 25%~30%；有 35% 的被试者发生了从众行为；15% 的被试者的从众行为的次数占实验判断次数的 75%。

经过分析，这位心理学家将导致从众行为发生的原因归纳为两大类，即个体在群体中受到的信息上的压力和规范上的压力。

第一，信息压力。人们普遍认为，多数人的正确概率比较高，于是在不知道怎么选择的情况下，人们往往更容易相信多数人，所以导致从众。

第二，规范压力。生活中大部分的人都是不愿意标新立异的，与众不同会让人担心被他人孤立，而当他与别人保持一致时，则会产生一种"没有错"的安全感。

从众心理对人的影响是客观存在的。生活中，我们每个人都会在不知不觉中陷入某种从众行为。心理学家还发现，自信、性格外向、社会阅历丰富的人发生从众行为的概率要低于自卑、性格内向、社会阅历浅的人。这个调查结果无疑为我们指明了一个避免陷入从众效应的方向——培养自信、增加阅历。

简单来说，从众效应会让我们变得缺乏创造力和积极性。从社会角度来讲，它会阻碍一个人的发展，从个人角度来讲，它是限制我们个人能力的一个潜在的重要因素。当一个人变得人云亦云、随波逐流，没有了自己的独立思维，失去了判断的能力，拒绝去探索时，他就会像所谓的"跟风羊"一样，只会跟着别人乱转，没有自己的方向与目标，失去了自身的价值，这样的人自然也就不会被人赏识。

其实，仔细观察不难发现，那些真正有思想、有头脑的人，他们每个人都有清晰的思维，都能够独立思考与判断，并且有自己的人生目标，他们从不轻易随波逐流，不会因为要维持表面的和谐而一味地随意附和他人。在产生分歧时，他们总是相信自己的判断，敢于坚持自己的观点。无论身处什么样的群体中，面临什么样模棱两可的选择，他们绝不盲从，他们相信自己的观点，从不缺乏特立独行的勇气，坚持做一只充满个性魅力的"领头羊"。如果我们能做到这些，也会被他人发自内心地欣赏和敬佩。

4. 熟悉效应：越熟越容易被影响

心理学家查荣茨做过这样一个实验：他招募了一些人并向这些人展示一些照片，这些照片都是人物照片，部分照片显示次数多达二十几次，部分显示十几次，而部分就只出现了一两次。之后，查荣茨请看过照片的人说出他们对照片的喜爱程度。最终结果显示，参加实验的人见到某张照片的频率越高，就越喜爱这张照片。他们对那些出现过二十几次的熟悉照片的喜爱程度远远超过了只出现过几次的照片。换言之，观看频率会增加喜爱的程度。

萨尔瓦多·米纽庆是结构派家庭治疗的专家，他经历过这样一起案例：一位已怀孕数月的 15 岁小姑娘来向萨尔瓦多·米纽庆咨询，小姑娘讲述，她的外婆在 16 岁时就生下了她的母亲，而她的母亲也是在 15 岁时生下了她。纵然她和母亲都有"我拒绝像妈妈那样生活"的想法，可是最终还是走上了相似的人生之路。

事实上，这样的案例经常会出现在我们周围，或许你就是故事中的主人公。那么，这些事件为什么会发生呢？从家庭成员角度来看，子女与母亲的关系是不可替代的，心理学的调查表明，对孩子教育产生最大作用的是母亲，而父亲多数是这个作用的后台保障，母亲心理受到许多伤害，如果没有获得治疗，会通过多种形式，传染给子孙。因此，我们总能听到一些人说："我缺乏安全感，总是为琐碎的事情烦恼，这是被我母亲所传染的。""我长期以来都感到很难过，由于我母亲是一个比较伤感的人。"母爱是神圣的，可是假如一个母亲本身存在一些心理疾病，或许会为子女带来许多的不良影响。

其实，所有人身上都有一份强烈的归属感，越是了解某个人，内在意识越会指使着我们的言谈举止向他们贴近和靠近。例如，从内在意识的角度来说，我们对待母亲的态度是真心实意的，当我们比母亲的日子过得幸福、富裕、美满时，我们的内在意识中会生出一丝愧疚感，好像是自己背弃了生养我们的母亲。

从中不难看出，我们身边的人与我们关系越亲密，我们越了解，就越容易感染我们。因此，一些人善于创造与我们相处的时机，从而提升我们与他们之间的亲密度，给我们留下好印象，以致可以操控我们。为了不被身边亲密的人所操控，我们必须瞪大眼睛，勤于思考。对他们的行动拥有合理的评判，取其精华，弃其糟粕，甚至要多多开导他们。

在与其他人的交往中，我们应该保持适当的心理距离。"适当的心理距离"指的是人与人之间的交往不可距离太远，太远了交往会略显生分；但也不可距离太近，交往过于亲密，彼此必定会产生隔阂、厌倦，甚至被对方所感染和同化。

5. 谎言重复次数多了，也会变成"真理"

什么是谎言？顾名思义，谎言便是不实之词，也就是假话。有的人利用假话诬陷好人，有的人利用假话对敌方进行分化瓦解，有的人则以不实之词，无中生有，捕风捉影，利用张冠李戴的手法，编一个活灵活现的故事，然后去蒙蔽他人。

我们都知道，传销组织用来骗人的谎言是荒谬至极的。很多外出打工者都是抱着十二万分的小心，害怕进入传销组织，警方也尽全力地打压、捣毁传销窝点，媒体更是曝光不断……防范方法可谓铺天盖地。但是，为什么还是有那么多人对传销趋之若鹜，在行动上执着追求呢？为什么传销打而不死、灭而不绝呢？那是因为传销者一直在重复向人们灌输着同一个谎言，那些被谎言蒙蔽的人们却信以为真，将其奉若圣经。

并不是谎言本身有多蛊惑人心，谎言毕竟是谎言，每个人都有基本的辨别是非的能力，重要的是重复洗脑。重复能加深潜意识的痕迹，可以使具体事例直接进入潜意识，引起我们联想，导致我们的潜意识开始怀疑最初判断的正确性。在重复的过程中，谎言占据了我们所有的时间和空间，使我们来不及去思考，来不及去了解其他观点和可能性。这个时候我们便失去了基本的判断力。这也就是为什么误入传销组织的人被完全隔离的原因，他们听不到来自外界的正面观点，没有了自己的分析能力，再加上对谎言的重复麻痹了他们的思想警惕性，减弱了他们的防备心理，他们很容易就相信了传销的谎言，所以"谎言"也就成了"真理"。

重复谎言之所以作用强大，除了它本身具有欺骗性外，不断地反复灌输会使人产生条件反射，具有催眠作用和洗脑作用。

《战国策·秦策》中有过记载：从前，在费县有一个与曾参同名同姓的人杀了一个人。于是便有人跑去告诉曾参的母亲说："曾参杀人了。"曾参的母亲怎么也不相信自己的儿子会杀人，便说："我的儿子是不会杀人的。"过了一会儿，又有人跑来对她说："曾参杀人了。"曾参的母亲还是不相信。很快，又有一个人跑来告诉她说："曾参杀人了。"曾参的母亲开始害怕起来，她扔掉织布的梭子翻墙逃跑。

曾参的母亲一开始是相信儿子的，不相信对"曾参杀人了"的消息。然而，当更多的人来告诉她"曾参杀人了"，她便开始质疑自己的判断，竟逐渐认同，最后翻墙而逃。这便是所谓的戈培尔效应：不断地重复谎言具有移山填海的功效，可以在潜意识里改变人的信念。

其实，谎言重复一千遍就会成为"真理"，不过是一些想影响他人的人使用的伎俩罢了。谎言可以蒙蔽人于一时，但绝不可能长期掩盖事实的真相，永远蒙蔽所有人。

谎言不管是重复一千遍还是一万遍，都不可能变成真理。因为假的始终是假的，伪装得再精细，也会有被识破的一天。虚假的事情往往都经不起推敲和时间的冲刷，总会有大白于天下的时候。传销组织编织的谎言环环相扣，看似天衣无缝，但只要人们保持理性，就一定能发现其中的破绽。

真理是颠扑不破的，谎言永远是谎言，只要用心去戳，便能一戳即穿。

6. 情境：难以察觉的潜在影响力

现代生活中，大多数人做某件事情时并不会询问自己为什么这样做，只是单纯地觉得在那样的情境下，有一股无形的能量在背后推动着他们不得不那样做。

美国心理学家菲利普·津巴多根据实验并结合之后的美军虐囚等场景，撰写了《路西法效应》一书。

参加实验的是从报纸上公开招聘、层层挑选和专业检测的24名大学生，他们心甘情愿地被任意指定角色为狱卒或犯人，并把一个经过改造的教学楼的地下室当作狱室，这24个人需要在狱室经过两周的测试。没有导演设计剧情，也没有编剧告诉他们如何去做，每人只是分配了角色。会出现什么情况，充满了未知性，只有监控录像和监听录音忠实记载着这一切。

为了真实地模拟这个场景和情境，津巴多邀请真正的警察搜查这些"囚犯们"，并宣读他们犯下的罪行，他们在父母和邻居们惊恐的目光中被押向警车。被押到监狱后，他们头套丝袜当作帽子，穿着囚服，忘记自己的本来身份，一个个号码被分发给他们。"狱卒们"则穿着狱服，手里拿着警用胶棍，眼睛上戴着反光的墨镜；"监狱"中还分配了监狱长，津巴多担任警务长官，有权判定一切结果；"监狱"还为"囚犯们"安置了小黑屋，家人可以定期来探视。此外，"囚犯们"需要聆听牧师的教诲，甚至设立了一个假释委员会判定"囚犯们"的假释申请。总而言之，这简直是一个真实的监狱。

这个实验只开展不到一周就结束了，实验的走向已经完全不受津巴多的控制，扮演囚犯的大学生甚至开始绝食，部分"囚犯"已经走到了精神失常的边缘。最恐怖的是，那种情境能让你不知不觉地变化思想、感觉和行为，仅单纯地在这个场景里继续游走，并会随着场景做出反应。

"每个角色，包括监狱长和犯人们，全都融入这个情境之中。""犯人们"在实验情境中的做法，让津巴多感到十分吃惊。更让人吃惊的是，某位狱卒在原来的生活中对弱小伤残充满保护欲，而实验结束后，他发现自己在家里对着家人也变得趾高气扬，大喊大骂。

这次模拟情境成为心理学实验中的经典实验，它向人们展示了情境对每个人的行动带来的影响是多么巨大。在特定的社会事例中，我们很难保持原来的个性和评判准则，不太容易抵抗情境带给人的情绪和心理上的影响，所以便会做出一些与意愿完全不同的决定。例如，我们在逛街时，当下的某个情境会影响我们对商品的选择，陪着小孩一起购物的母亲，其购买行为总是容易受到小孩对商品喜爱程度的影响。未经过深思熟虑的某些情境会直接影响我们对商店的选择、对产品的喜爱，以及能够承担的价格区间。

情境还能影响到一个人的心情,如绿色情境能使人的心跳减速,从而让人产生安全感和舒适感。红色情境能使人心跳加速,容易让人产生兴奋感。灰暗的情境容易让人抑郁,而黑色的情境则容易让人滋生压迫感。另外,在充斥着噪声的情境下,容易使人生出焦虑感。

很多人正是因为了解了情境潜在的不易让人觉察的影响力,便想方设法设置一些能影响我们的情境,进而影响我们。这时,我们一定要保持理智,抵制情境对我们的不良影响,如有可能,我们还可以改变情境,使它朝着我们预想的方向发转。总之,我们要尽量避免受情境的影响。

第八章
博弈:先学会控制自己的情绪

博弈拼的就是心理状态,一个无比愤怒的对手,再弱的人也能将其打败,没有一个稳定的情绪,如何能在博弈中获胜呢?

1. 不要在情绪糟糕时做决定

人在冲动、愤怒、烦躁的时候,常常会做出一些让自己后悔的决定。在情绪糟糕的时候,人的意志是很薄弱的,所以在这个时候做出的决定大多都是不理智的,往往在冷静下来之后才发现事情已经覆水难收,无法挽回,才开始追悔莫及。例如,愤怒是最容易控制人思想的一种情绪,它通常会让你变得口无遮拦,让你的言语化成一把利剑,狠狠地伤害身边的人。所以,我们要学会做一个理性的人,不要被情绪左右,有情绪的时候不妨先停顿3秒,平复一下再做决定。

身为地球上最感性的生物,我们拥有最丰富的情感,所以比起其他生物来说我们更容易感情用事。如果不能很好地加以控制,我们很有可能会被情感所控制,甚至酿成大错。罪犯行凶真的就是他们的本意吗?其实不然,有谁喜欢行凶,只是当愤怒冲溃了理智的时候,他们失去了正确判断的能力,才会做出反常之举。因此,为避免做出错误的决定,我们一定不要在情绪糟糕时做决定。

曾有这样一则关于情绪失控的案例。

2002年世界杯足球赛期间,韩国一名男青年失手杀死了自己的母亲。事情的经过是这样的:一天下午,这位男青年打开电视机准备观看韩国队同意大利队的比赛实况。因为这位青年整天东游西逛,不务正业,母亲便特别生气地斥责起来:"你怎么连个工作都不找,整天游手好闲,你已经看了一天一夜的电视了。"

儿子年轻气盛,便和母亲争吵了几句,母亲一气之下打了儿子一记耳光。儿子一时冲动,竟然拿起桌上的水果刀刺向了母亲的胸口,将母亲杀害。行凶之后,这位青年后悔不已,跑到邻市的一个小旅馆并企图服毒自杀,后来被警方及时赶到制止。

其实，生活中不乏这种被坏情绪冲昏头脑的案例。13 岁的小楚因为相依为命的父亲患肝癌去世了，悲痛欲绝的她选择了跳河自杀，幸运的是，小楚被路人救下。小楚说，跳下去的那一刻，她不但意识到了害怕，还很后悔自己的一时冲动，她很感谢救她的好心人，让她有机会想清楚，并重新面对生活。她说父亲肯定希望她能好好地活着。

并不是每一个人都可以有重来一次的机会，幸运不是常伴每一个人左右的，不要等到真的造成无法挽回的后果再后悔。而很多时候，人们都是被一时的冲动毁了一生。"冲动是魔鬼"这句话从来都不是空穴来风。人生在世，没有负面情绪是不可能的，因为好的情绪和坏的情绪都是生活中的一部分，但是怎样面对它很重要，你不妨让自己过得愉快一些，多想一些积极向上的东西，避免被烦闷情绪左右。

唐代名臣魏徵性格耿直，以直言敢谏而闻名。每次魏徵进谏之后，唐太宗都会特别生气，但他懂得理性地控制自己的坏情绪，有时他会选择跑到后花园拍着自己的胸脯对自己说："气死我了，气死我了……"以此来平复自己的心情，赶走坏情绪，然后他会回到大殿之上，接受魏徵的谏言。

当你心情不好的时候，不妨听一首歌，或是看看电视，总之就是想办法放松放松，好好休息一下。一定不要在这个时候做任何决定，特别是一些重要的决定，不要让情绪左右你的思想，要三思而后行。

2. 你发泄坏情绪的方式合理吗

"人生不如意之事十之八九。"如工作不顺心、与兄弟反目成仇、与邻居吵架、逛街的时候钱包被偷、结婚的时候没车没房、工资多年不涨等。有了这些不顺心如意的事情，如果不及时宣泄出来，便会影响到身心健康。而如果不能合理地宣泄，既会影响自己也会影响他人，坏情绪会形成恶性循环，越积越多，最终损伤自己的身心。

斯坦德是一家公司的经理，因为前一晚工作到很晚导致他第二天起床有些迟了。草草洗漱之后，他便急急忙忙地开车往公司疾驰而去。为了尽快赶到公司，一路上接连闯了几个红灯，终于在一个路口被交警拦住了，交警不但给他开了罚单还将他训斥了一顿。来到办公室之后，他发现昨天交代秘书寄出的信件原封不动地放在桌子上，于是立刻把秘书喊了进来，不由分说便是一顿痛骂。

秘书拿着信件怒气冲冲地来到总机小姐面前，也是不由分说便是一顿狠批。总机小姐平白无故地被骂，自然非常委屈，于是便找到在公司职位最低的清洁工借题指责了一番。清洁工无奈，只得憋着一肚子怒气。

下班回到家后，清洁工看到读小学的儿子正躺在地上悠闲地看着电视，书包和一堆零食乱七八糟地丢在地上，顿时火冒三丈，把儿子狠狠地修理了一顿。

清洁工的儿子带着一肚子闷气回到自己的房间，见到家里那只大花猫正趴在房门口睡觉，便跑过去狠狠踢了一脚，一下子把猫踢得远远的。正巧下班回家的清洁工的妻子从大花猫的身边经过，被踢急了的猫为防止斯坦德再踢他一脚，迅速跑过去挠了斯坦德一下跑开了，无辜的斯坦德就这样被猫挠破了小腿。

人产生的不良情绪和坏心情，要是不合理地发泄出来，便会传染给其他人。上面的故事中，每个人甚至连大花猫都在发泄自己的情绪，但他们发泄的方式是极为错误的，于是，坏情绪便形成了恶性循环，最终得不到解决。

一般的情况下，人的情绪会随着身边的环境及一些人和一些偶然事件的发生而改变。当人出现了坏情绪时，潜意识里会选择向周围的人发泄，当周围的人受到坏情绪攻击后，也会找一些人充当自己的出气筒，这样就形成了一条好比食物链一样的坏情绪传递链。这种发泄坏情绪的方式是错误的，所以坏情绪的宣泄虽然能起到释放自己愤怒的作用，但宣泄方式不正确则会引起另外一种不良情绪的发生。当我们宣泄坏情绪的时候，千万不能放纵，不能"想说什么就说什么，想做什么就做什么"，或者"想随便打人就打人，想随便骂人就骂人"，这些发泄方式虽然能让我们一时痛快，却会造成更严重的后果。另外，我们宣泄坏情绪的过程中，要时刻注意不要给自己或者他人造成不必要的伤害，做到有节制地发泄情绪。

卡耐基说过："生活就像一面镜子，你对它哭，它就对你哭，你对它笑，它就对你笑。"假如自己的坏情绪不能合理地发泄出来，时间久了就会形成一股危险的能量，当能量的积累超出了我们个人所能承受的范围，就会爆发出来。所带来的后果将会一发不可收拾。

如果我们发现发泄情绪的方式不合理，不妨看看下面这些小方法：

（1）进行积极的自我暗示

找出导致自己情绪不好的原因，并努力排除它。但是，有些时候，引起你情绪不好的原因很难被排除，我们只能先接受它，然后再进行自我暗示。积极的暗示能够调节情绪。

（2）不向别人发泄坏情绪

坏情绪对人有百害而无一利，所以，有了坏情绪发泄出来是必须的。但是，不可以随便向人发泄坏情绪，你应该学会调节并控制自己的情绪。否则，有了坏情绪就拿别人当出气筒，不但会使人对你产生反感，还会把自己的生活弄得一团糟。

（3）把握情绪的关键时刻

人的情绪有两个关键时刻，即早起时和就寝前，如果能把握好这两个情绪的关键时刻，在这两个时刻保持良好的心情，稳定自身情绪，坏情绪便不会追随你了。

3. 情绪转移大法：聪明人不钻牛角尖

情绪转移是指避开不良刺激，把精力和注意力投入到其他方面，以减轻不良情绪对自己的冲击。每个人都会有喜怒哀乐，不可能一点烦恼都没有，出现坏情绪并不可怕，可怕的是我们被坏情绪牵着鼻子走。把情绪控制在合理范围之内，做情绪的主人，这才是正确处理情绪的有效方法。

唐骏是我国IT界的精英，他每天都有繁杂的工作，却从来没有因为工作心情不佳。原来，唐骏是一个严格自我管理的人，任何问题，在他面前，都没有一样能成为他的"问题"。

唐骏不仅是个灌篮高手，萨克斯也吹得像模像样。有人可能会认为，他之所以面对每天堆积如山的工作却没有负面情绪，是靠这两样活动来排解烦恼的吧。如果你这样想便大错特错了。打篮球和吹萨克斯只是唐骏生活的一部分，当工作中遇到烦恼时，唐骏有一套非常具体的"情绪转移大法"。

"做任何工作都不可能是一帆风顺的。"唐骏说，"当不顺心时，我会去想一些快乐的事情，而不是一味沉浸在痛苦的事情当中。这样，我很快便能让自己从坏情绪中走出来。"

"刚开始我也是刻意去做，毕竟从负面情绪中解脱出来并不容易。"在唐骏的电脑里，曾存了几百封电子邮件，当他不开心的时候，就会读上三五封。这些邮件总会让他充满感激，当他意识到有这么多的人都在关心他，还有什么理由不开心呢。每当这时，唐骏的心情就会好起来，长此以往便形成了习惯。

"这是一种生活态度。"唐骏说。

唐骏的这种管理情绪的办法，对他的生活和工作产生了很大的作用。在他的感染下，连他的秘书都变得乐观开朗起来。

情绪转移是很有效的，当一个人长期处于过度紧张的状态，他很容易产生烦躁的情绪。如果这个时候有意识地做点别的事情来分散注意力，那么就可以让大脑暂时得到休息，从而使心情变得好起来。具体方法如下：

（1）暗示转移法

科学家曾做过实验，语言暗示是很重要的一种方法。例如，"我一定能够获得成功""我非常幸福""我不累"等，这样的语言往往能给人意想不到的效果，从而达到暗示的目的，达到调控情绪的效果。

（2）娱乐转移法

当我们遇到不开心的事情时，可以干一些自己平时喜欢做的事情。例如，听听音乐、跳跳舞，陶冶一下情操，放松一下心情，这样做能够更好地帮助你平定情绪，减轻压力。

（3）运动转移法

锻炼身体也是一种转移情绪的有效办法。运动能够让你的身体处于紧张的状态，而无暇顾及坏情绪。通过运动，你能够快速宣泄烦躁情绪。运动过后，平静下来，你会发现你的心情好了很多。

（4）旅游转移法

眼前是山清水秀的自然环境，一切忧愁和烦恼都会随之消散。大自然能让我们忘却忧愁，寄托情怀，美化心灵。

（5）阅读转移法

心情烦躁时，读一读内容轻松愉快、诙谐有趣的小说或杂志，也可以转移心中的负面情绪。阅读不仅能提高我们的文化素养，还有益于身心健康。

（6）意志转移法

当我们在日常生活中遇到烦心事而心情不佳时，可以化悲痛为力量，用理智战胜生活中的不幸。

（7）与宠物做伴

动物是人类的朋友，当你心中充满了坏情绪、不想见任何人时，可以试着和自己的宠物一起玩耍，它们永远会对自己的主人保持热情和忠心。当你用手轻轻地抚摸它们时，你会感到无比放松。

（8）烘烤食品

制作美食是一种很好的转移情绪的方式，制作过程中，你会逐渐忘却所有的烦恼，只会全神贯注地注意你的食物，那么你还有其他时间去想那些烦心事吗？

4. 画"心情谱"，控制自己的情绪

你是否时常询问自己：今天我感到开心吗？今天什么事情让你感到开心？如果你不能很好地回答这些问题，证明你还不会掌控自己的情绪。正如人的体温可以用温度计测量，人的"心情"也可以测量，那就是画个"心情谱"。

众所周知，心情是一种抽象的、无法触摸到的东西，如果我们能依靠一些实物来标记便能更好地理解它。而借助物理的概念，比如光谱、波谱、色谱等画出一条"心情谱"就是一个不错的选择。对自己的心情有了具体的了解，便能很好地管理它了。

要画"心情谱"，需要拿出一张白纸和一支笔。

首先，用笔在白纸上画一条数轴，然后从左到右在数轴上画出间隔相等的6个刻度，在刻度下分别写上1，2，3，4，5，6。

一切准备就绪后，你慢慢地闭上眼睛，仔细思考，那些形容心情不好的词语有哪些？痛苦、沮丧……那些形容心情平静的词语又有哪些？索然、宁静……最后，让我们满怀憧憬，想象一下你所期待的好心情：愉悦、兴奋……

接下来，把你心中所想的这些词语按你对心情的理解，根据心情的好坏程度由低到高排列，并标注在相应的数字刻度下。

1痛苦；2沮丧；3索然；4宁静；5愉悦；6兴奋。

每个人每时每刻的心情都是不一样的，此时此刻拥有什么样的心情，别人恐怕是很难知道的。现在你需要明白你此时的心情是什么样的，然后简单地做一个评价，并在你刚才所画的"心情谱"上做出对应的标记。

如果你的手机被偷了，一定会很痛苦，便需要在"心情谱"的"1"上做标记。如果你现在做什么事都提不起兴趣，需要在"心情谱"的"3"上做标记。如果你准备了大半年的考试顺利通过，则需要在"心情谱"的"6"上做标记。但是，由于每个人对同一件事情的理解不同，所以即使遇到同样的事，心理的反应程度却是不同的，即不同的人在相同的事情上所画的"心情谱"也是不一样的。

画"心情谱"不仅可以让我们了解自己的心情状态，还可以让我们测量自己的心情波动状态。

如果你的心情波动不大，比如从愉悦到兴奋，或者从痛苦到沮丧，始终在2级上下波动，说明你的"心情谱"较窄，情绪相对稳定。

如果你的心情波动较大，比如从痛苦到愉悦，或者从兴奋到沮丧，始终在4级甚至4级上下波动，说明你的"心情谱"相对宽泛，情绪非常不稳定。

"心情谱"的作用还有很多，它能更好地帮助人们了解自己的健康情况：如果"心情谱"偏右，则表示你经常处于愉悦的情绪当中；如果"心情谱"偏左，则表示你经常处于忧郁的情绪当中，这时你就需要注意了，因为负面情绪会严重阻碍你的健康发展。

在我们初步了解了"心情谱"和自己的心情波动状态之后，就可以充分发挥它的作用了。你可以根据需要，管理自己的心情，如做一些自己感兴趣的事情来缓解内心的压抑，从而使自己能经常保持一个好心情。

5. 情绪调节术：让你的心情快速好起来

　　李安是一位保险业务员，在一个周末，应工作要求，他需要去拜访一位客户，但是昨天晚上加班到很晚的他，精神状态非常不好，满面倦容。为了完成老板交代的任务，他还是硬着头皮去和客户谈工作。结果很不理想，合作并没有达成。事后，他仔细思考了前因后果。或许长年累月相同的工作，已经让他在精神上产生了倦怠感。再加上没有休息好，使他的身体处于极度疲惫的状态，种种原因导致了交易的失败。

　　李安因此更加苦恼，回到公司后把事情的经过告诉了经理。经理沉默了一会儿，对他说："你不要担心，相信自己，你是最棒的。再试一次，不过这一次，你一定要保持愉悦的心情，并让你的快乐感染周围的每一个人。用你的快乐和真诚打动对方，这样他就能看出你的诚意了，你也会因此而获得成功。"

　　听了经理的话，李安重新打起精神，再一次去拜访之前的那位客户。谈判过程中，他晓之以理，动之以情，微笑一直洋溢在脸上，结果对方真的被李安感染了，最终双方达成了合作意向。

　　这一次成功，让李安受宠若惊。于是他想再做一次实验，李安结婚已经18年了，每天过着朝九晚五的日子，生活已经磨灭了他的激情，几乎让他忘记了自己心爱的妻子，他已经很少感受到婚姻的幸福了。这次，李安决定看看微笑会给他的婚姻带来什么好处。

　　第二天一早，李安照镜子时，尝试着对着镜子里的自己微笑。然后，他默默地走到妻子面前，微笑着和她打招呼。在吃早饭时，他也一直和妻子愉快地聊天，讲述一些工作中有趣的事情。妻子感觉很惊讶，同时又感到很开心。在接下来的时间里，李安和妻子都感到了他们当初热恋时的那种幸福。

第八章
博弈：先学会控制自己的情绪

现在，李安每天上班都会保持愉悦的心情，并且不管遇到谁，他会首先对其微笑。结果，李安发现，他身边的人对他越来越好了。

情绪是需要调节的，如果你乐观地对待生活，生活也会对你报以微笑。而成功也往往青睐于那些快乐、待人真诚的人。在现实生活中，我们总会遇到许许多多突如其来的、难以面对的事情，随之而来的是一些负面情绪。这时，如果你一味地沉浸在这些不好的情绪当中，便是自找烦恼。那么，我们到底该怎么做，才能消除这些负面情绪、恢复愉悦的心情呢？如果你正处于苦恼之中，不妨试试下面的办法：

（1）乐观

一个人乐观与否，并不在于他所处的环境，而是他的心境。如果我们每天都保持快乐的心情，周围的人也会感染快乐的气息。但是，你若每天看到的只有烦恼与忧愁，那么快乐便会离你越来越远。我们应该知足常乐，凡事往好处想，朝着乐观的方向走，希望、幸福、成功和快乐将会源源不尽地到来。

（2）感恩

现实中，总有一些人因为太过幸福，而忘记自己的初衷。总觉得自己付出的太多，得到的太少，以致对生活充满怨恨。上帝是公平的，在向你索取的同时，也会给予你帮助。所以，不要总是埋怨命运对你的捉弄，或许它只是在等待时机，为你打开另一扇窗。你现在所应该做的，就是心存感激，珍惜眼前所拥有的一切，这样心情自然会无比愉悦。

（3）包容

海纳百川，有容乃大。如果你能够拥有一颗包容之心，那么你便能积攒更多的人气。古代贤明的皇帝，始终奉行"得人心者得天下"的理念，所以他们总是怀有一颗包容之心，包容贤才，以招揽更多的人才，从而巩固他们的帝王之位。拥有好心情的人，都是能包容他人的人。包容他人，你便不会因一些不开心的事而心情不好。包容是让一个人心情好起来的最快捷的方法。

（4）豁达

莎士比亚说过："一直悔恨过去的不幸，只会招致更多的不幸。"过去的事情既然已经过去，为什么不把它放下，还让它继续影响我们当下的生活呢？我们要活在当下，忘记一切不开心的事，我们才能拥有好心情。

（5）平静

一个人的心境，与他当时的心态有莫大的关系。拥有一颗平和之心是非常难得的。唐代诗人李白就是淡泊名利之人，他从不为凡尘俗务所纷扰，即使遇到困难，也会以最平常淡泊的心态来面对人生的风风雨雨。

第九章
千万小心，真的有人在试图影响你

影响者们戴着各式各样的面具，潜伏在你的身边，以各种手段，将你玩弄于股掌之间，你察觉到了吗？

1. 权威效应：你是否深陷其中

权威效应可以理解为：如果你在人们心中的地位较高、有威信、受人敬重，那么你所说的话也会更容易受到别人重视。也就是我们经常说的"人微言轻、人贵言重"。

一位美国心理学家曾做过这样一个实验：他为一所大学请来了声称是德国著名化学家的教师。

这位"化学家"在实验中拿出一个瓶子，瓶子里装有蒸馏水，但是他对学生们说瓶子里是他发现的一种化学物质，有着极为特殊的气味，然后他问学生们是否闻到了"特殊气味"。这时，居然有很多学生都说自己闻到了"特殊气味"。究竟是什么原因让学生们闻到了原本没有味道的蒸馏水的"特殊气味"呢？这便是权威效应的作用。

权威效应产生的原因究竟是什么呢？

最主要的原因就是人们有"安全心理"，认为地位高、有威信的人就是正确的楷模，跟随他们会产生安全感，提高正确的保险系数；其次是人们"赞许心理"的存在，人们觉得权威人物的要求就是社会规范的一部分，根据权威人物的要求做事，就会获得赞成和夸奖。

航海家麦哲伦之所以成功地进行了环球一周的航行，是因为得到了西班牙国王卡洛尔罗斯的大力支持。麦哲伦究竟是用怎样的方法说服国王的呢？原来，为了说服卡洛尔罗斯国王，麦哲伦邀请了著名地理学家路易·帕雷伊洛和自己一起前往皇宫。

当时，由于哥伦布航海成功引起了很大的反响，许多人便打着航海的旗号想赢得卡洛尔罗斯国王的信任，以此骗取一些钱财，国王发现之后，便对大多数航海家都持有怀疑态度。帕雷伊洛在地理学界非常有权威，国王也因此尊重、信任他。为了消除国王的疑虑，麦哲伦说服了帕雷伊洛作为自己的说客。

帕雷伊洛给卡洛尔罗斯国王列出了麦哲伦环球航海的必要性和能带来的种种好处,以此说服国王并使国王支持麦哲伦的航海计划。这也是权威效应在发挥作用。间接来说,正是帕雷伊洛在地理学界的权威成就了麦哲伦的航海事业。

权威效应在日常生活中也很常见,例如在一些企业、商场、酒店等场所,会请一些名人或者业内的权威人士题字,在一些产品的宣传资料上,也会出现名人题词或该公司的老总与名人的合影。这些,都是在利用权威效应。

尊敬权威的社会氛围会为我们带来许多好处,有利于发挥榜样作用。然而,凡事物极必反,假如一味地信奉权威,缺少独立思考与判断的能力,是万万不可行的。正如古人所说"尽信书不如无书"。

一旦你进入权威效应的误区,便会导致在某一个领域或时间丧失自我意识。如果长时间沉浸在这样的权威效应误区中,就会丧失独立思考和判断的能力。近年来常常有骗子利用大家对国家机关的信任进行电话诈骗,骗取钱财,这种利用权威效应的事件更是让人深恶痛绝。

总之,在日常生活中,我们要用科学严谨的态度看待问题,拥有独立思考和判断的能力。正确看待权威效应,尤其是顺从型人格的人,在权威面前,要更加自信,用自己的思维思考问题、判断问题,做一个有思想、有主见的人。

2. "对你好"很可能是别有用心

在日常生活中,总是有一些所谓的"好心人"在我们并没有向他们寻求帮助的时候,自己主动过来帮助我们。比如你现在失业了,他们会非常积极地帮你找工作,甚至连简历都帮你准备好了;如我们想要购买一部手机，他们会主动前来帮我们充当参谋。然而，当我们非常感激地谢谢他们时，他们会若有若无地感叹，暗示你，其实他们做这些事是非常不容易的。你却不能阻止他们来帮助你，因为他们会故意对你说："要是你还拿我当朋友的话，就让我来帮助你吧。"于是，你无话可说，心里却满是压力。

马丽经营着一间蛋糕店，最近她打算去另一个城市发展，准备把自己的店铺租出去。于是，她贴出了出租广告。因为店铺位置不错，所以有很多人前来洽谈店铺出租的事。马丽心里非常高兴，想着自己也不是很着急，便决定看情况而定。租客们着急了，甚至有的人愿意以马丽原定租金的数倍来承租，一时间，马丽的店好像成了拍卖会一样。

就在马丽为自己店铺租金暴涨而高兴时，突然接到了一个电话，就是因为这个电话，马丽的如意算盘被打翻了。

电话是一个叫张芬的人打来的，她是马丽蛋糕店的一个顾客，她说："马丽，我现在万分火急地要租个店铺，我也就不跟你砍价了，就按照你原定的价格吧，我租上一年，你看行吗？"

马丽心里非常纠结，想着接踵而来的租客们纷纷以高价租自己的店铺，她是一万个不想答应张芬，但是最后，马丽还是答应下来。她对着租客们很抱歉地说道："非常对不起，我的店铺已经有人租了，你们再去别处看看吧。"大家都非常诧异，不明白才过了短短一分钟，店铺竟然被租出去了。有的人还是不甘心，不停地问马丽："老板娘，租店铺的人出的什么价格啊，我比他多出一半的价钱，你就租给我吧。"马丽心里非常不是滋味，但她还是面带笑容地拒绝了他们。

马丽究竟因为什么答应了张芬呢？原来，张芬在电话里对马丽说了这样一句话："马丽啊，你到了该报答我的时候了。"原来，张芬以前是马丽蛋糕店的常客，有一天，马丽在做蛋糕的时候意外地烫到了手，是张芬非常热心地把马丽送到了医院。就是因为这件事，两个人成为朋友。

把店铺租给张芬后，马丽只能自劝自解："别人帮助自己的人情得还，趁着这个机会我正好把人情还给她。"

上面例子中的张芬确实是个热心的人，其实，我们的周围也有不少这样的好人，有人帮助我们不图回报，但有人则会在脑子里特意留着一块位置，记下哪年哪月哪日，因为什么事帮助过你。尤其在以后的日子里，当你们闹矛盾或者是他们需要帮助时，便会以帮助你的那些事作为要挟你的武器。如果你不愿意或想逃避，他就会说你这么做是多么的不够朋友、见利忘义，仿佛你就是天底下最没有良心的人。于是，好多人为了还这些人情，只能任人宰割了。

从心理学上来看待这类事件，互利性原则就是该行为幕后的准则。人们之所以不愿意欠别人的人情债，就是觉得大家会说别人帮助了自己，而别人有需求的时候自己却没能帮助那个人，就会有一种压力。因为没有人希望自己在大家的眼中是一个自私自利的人，大部分人不得不以这样的原则去办事，于是给那些影响者提供了绝佳的机会，影响者因为我们无法拒绝的心理，使这个原则变成了谋取利益的秘密武器。

如果你正被上面所说的"好心人"所影响，那么，你需要果断地加以拒绝。你需要调整好自己的心态，对于那些曾经帮助过你的人，可以委婉地告诉他们："我会找到一个合适的办法来回报你的帮助的。"一开始，他可能会有意地让你看出他心里非常不高兴，可能还会对你恶语相向，但多次之后，他会明白，在这个原则面前，他已经无法要挟你了。

3. 越有魅力的人，影响力越强

魅力，是一种人人向往的气质。我们每个人都想拥有魅力，因为拥有魅力的人，更能得到别人的欣赏。很多公众人物，不管他们走到哪里，都会有一大批人追随，为什么呢？因为他们有魅力。

其实，不只公众人物具有魅力，任何一个人都有其独特的魅力。而越有魅力的人，影响力越强。

沈梅是个漂亮、温柔的女孩，在大学期间，是很多男生追求的对象。在众多的追求者中，沈梅最后选择了同班的班长易刚。沈梅眼里的易刚，是个有才华、有理想，并且还有着超强的组织能力的魅力男生。

结婚后，沈梅在一家外企上班，并且凭着自己的能力坐上了高管的位置。易刚则选择留在学校工作，经过自己的不懈努力，也成为学校的骨干。由于工作的原因，沈梅总会有很多应酬，见惯了各领域能力出众的人，她感觉易刚现在不思进取，甚至有些懈怠，以前的那种魅力荡然无存了。沈梅并没有埋怨易刚，她把不满深深地埋在心里，就这样二人一起生活了七年。

一天下午，沈梅接听了一个叫宋思明的人打来的电话，宋思明自称是沈梅的同学，沈梅虽然对宋思明没什么印象，但出于礼貌，她还是答应跟宋思明见一面。

见面后沈梅才想起来，原来这个宋思明在大学的时候追求过自己，但沈梅当时正在和易刚交往，而且当时的宋思明太过平常，没有什么魅力能打动自己，所以断然拒绝了他。反观现在的宋思明，已经是一位成功人士，开着豪车，身着名牌西服，手戴名牌手表，再也不是当年那个普通的男孩，而是气质非凡，非常有自信。当他听说沈梅现在过得并不快乐时，便请求沈梅给自己一个机会。

沈梅早已对现在的婚姻失望至极，看到魅力十足的宋思明，她动心了。在与宋思明接触三个月后，她终于下定决心与易刚离了婚。

沈梅离婚后，欢天喜地地去找宋思明，没想到的是，宋思明冷漠地告诉沈梅："我已经结婚了，知道我为什么还去追求你吗？因为我无法忘记当年你拒绝我时露出的那种满是鄙夷的眼神。"

上文中的沈梅就是一个被有魅力的人影响的对象，她两次被人影响，都是因为被对方的魅力所吸引,以致被对方影响却毫无察觉。对于身边的人,我们一定要仔细观察,看看他是否有魅力。有魅力的人通常有以下几个特点:

(1) 说话风趣

有些人天生丽质,潇洒俊逸,其一举一动都能打动人,让你情不自禁地喜欢他,这就是魅力。

(2) 博学多才

说出的话有根有据,展现聪明才智,让人回味无穷,引人注目,这也是一种魅力所在。

(3) 通情达理

为人排忧解难,一言一行皆风雅不俗,这也是有魅力的表现。

(4) 精神抖擞

一个人只有勤奋、积极,展现出昂扬的精神状态,才会吸引其他人喜欢你,散发出充满力量的魅力。

如果你身边出现了具有上面这些特征的人,那你可要小心了,因为稍有不慎,你便有可能落入魅力的陷阱,受其影响。

4. 专制者面前,你是一个服从者吗?

提到专制,我们脑海里浮现的都是一些有权有势的人,很少有人会把专制与我们这些平凡的小人物联系到一起。可是事实并非如此,很多人的大脑中都存在专制思想,只是表现的形式和程度不同而已。

徐方是一个喜欢自由的摄影师,他之前有过一段婚姻,最终因为妻子不能忍受徐方爱自由、不顾家的性格,导致妻子在生下儿子强强之后与徐方协议离婚了。后来,强强和奶奶一起生活,直到强强 8 岁的时候,徐方选择了一份稳定的工作,强强才回到父亲的身边。

徐方通过和强强长时间的相处，发现强强很内向，比较腼腆，这与自己的性格截然相反。徐方很生气，并为此制订了一份户外旅游计划，他希望强强能有所改变，能独立勇敢，拥有男子汉气概。

在旅游刚开始的时候，强强非常开心，他第一次与别人有这么多的交流。然而，从第三天开始，强强有一些疲倦，而徐方却没有放在心上。之后天气不断变化，强强有了感冒的症状，而徐方只是让强强吃了些退烧药和感冒药，作了短暂的休息。一天之后，强强的身体好了一些，父子二人又继续他们的旅程，可是随着天气越来越恶劣，强强又开始发烧，并且高烧不退，他哭着对徐方说："爸爸，我头好痛，我快不能呼吸了……"

面对儿子这样的状态，徐方咬紧牙关，对儿子说："坚持一下，坚持过这段时间就好了，作为男子汉，你一定可以克服这样的困难。"

凭借多年的户外经验，徐方认为强强的病在适应了野外的生活之后就会有所好转。但是，强强仍然高烧不退。而徐方还是认为这是上帝对儿子的磨炼，他态度强硬地对强强说："儿子，你要坚持下去，要学会克服困难。"

此时的强强已听不进去任何话，他一直在哭。后来，强强面色青紫，一度处于昏厥状态，徐方才意识到事情的严重性，他马上抱着儿子到医院就医。医生告诉徐方，因为病情耽误太久，强强很可能留下严重的后遗症。

徐方就是专制型人中的典型代表，他这种强悍的性格在其他人的眼中就是特立独行。也许在他的专业领域中，这种性格可以在精神上支撑着他，可是只要他把对自己的方法用在其他人身上，必然会造成不好的结果，甚至会成为一场灾难。

造成专制的原因有好多，往往无法辨认，但大致有以下几个特征：

认为自己是救世主，对这个世界有着巨大的影响力；

对于不认同自己的人，觉得他们不是道德上有问题，就是思想上有缺陷；

　　喜欢被人夸奖的感觉，沉迷在这种感觉中难以自拔，讨厌别人否定自己；

　　喜欢用自己的强项与别人比较，总是发现他人的缺点，对别人缺少同情；

　　把自己想象成道德楷模，是正义、高尚的象征，有道德洁癖，痛恨道德上有缺陷的人；

　　坚信自己有坚定的信仰，在外人看来他很虔诚，事实上他的信仰早已不单纯了。

　　想要免受专制型人的控制是有些困难的，因为他们的意志很坚定，我们应该使用不间断的、灵活的技巧，循序渐进地达到反操纵的目的。心理学家总结出"过分同意"的技巧，可以一试。"过分同意"的意思就是对于影响者的想法永远赞同，并且是过分同意。这个方法的核心就是"归纳于荒谬"，就是用逻辑引导某事达到其结果，在这个过程中不与影响者争辩。

　　专制型影响者不能容忍别人反对自己的意见，因此和他们争辩没有用处。然而，他们对于别人对他们的同意也不是十分肯定，所以如果你对他们过分同意，他们自己反而会感到迷茫。进一步说，影响者本想用自己的优势和对方比较，使自己处在有利地位，被影响者采用"过分同意"的方法后，他们会突然感到担忧，由于被影响者的过分同意会让他们失去自信和优越感，从而削弱了他们的意志力。在这个局面下，他们会通过"表面坚持，暗地调整"的方法，扭转对自己不利的局势。这时，我们便能免于被他们影响了。

5. 轻松识破各种类型的影响者

　　日常交往中，每个人都会被影响，每个人也都是隐藏的影响者。影响者拥有形形色色的遮挡物，埋伏在你的周围，以形形色色的方式，玩弄你于股掌之间。有时他们给人友好的一面，轻易获取你的信任；有时他们很有威慑力，不容你质疑。总之，在他们的影响下，你会感觉进退两难，自身的真实意愿不得不被压制下来。

郑燕有过一次痛苦的婚姻，再婚之后，老公是比她小三岁的王军。郑燕和王军度过了一段甜蜜的热恋期。可时间一长，两个人争吵不断。因为工作的缘故，郑燕有许多工作上的交际，总是工作到很晚才回家，王军对此意见很大。只要郑燕回家很晚，他便会满脸怨气。为了缓和夫妻感情，郑燕总是在疲惫之余花费时间哄王军，让老公理解她工作到半夜只是想让一家人生活得更幸福。

可是，王军对此并不认同，他觉得，女人嫁人之后理应将精力放在相夫教子上，而不是一心扑在工作上。很多次郑燕据理力争时，王军都会摔门而去。因为有了一次失败的婚姻，每当王军摔门而去的时候，郑燕都会感到被抛弃了，她不想再离婚了。郑燕曾把自己的这种心理告诉过王军，没想到竟被王军当作了要挟她的筹码。

为了挽救这场婚姻，不让王军与自己离婚，郑燕选择了不断地顺从，最后却使得王军更加肆无忌惮。虽然生活轨迹还是像以前一样，但郑燕因为恐惧而不敢拒绝王军的任何要求，因为王军抓住了她的软肋。

仔细观察后不难发现，任何影响者身上都拥有一个甚至若干个特点，下面列举出20种影响者的特征，若是对应以下特征的半数以上，就能认定此人是一名影响者。部分特征是从一些重点的特征中扩展得到的，我们以列举关键词的方式，便于大家明白影响者的本来面目。

虚伪：会通过各种各样的人或场景随意变化自己的想法、动作，给人感觉没有原则。

欺骗：影响的本质是欺骗，欺骗是所有影响者的通性。

殷勤：影响者都会见人说人话，见鬼说鬼话，终极目标是索取。

夸张：影响者擅长言过其实，扰乱视听，误导其他人的想法。

怀疑：多数情况下表现为不相信别人，即使是家人。

承诺：影响者容易对别人做出承诺，特别是想得到别人帮忙的时候。

曲解：总是曲解真相，以虚假消息来套取别人的消息。

推卸：不会承担应尽的责任，讲话常常留有余地，让别人做替罪羊。

贬低：影响者为彰显自己的优点，总会恶意说出伤害他人的话语。

挑拨：搬弄是非、传播虚假消息是影响者常用的方法。

威胁：操控者为达目的会使用间接胁迫、敲诈的手法。

伪装：善于伪装自己，让别人觉得自己具有吸引力或魄力，以便轻易得到别人信任。

自我：影响者总是忽视别人的需要，只在乎自己的利弊。

消耗：与影响者在一起，常使人浑身难受，很想远离他。

强迫：总是逼着人们做一些自己不喜欢做的事。

暧昧：不确定地阐述自身的想法、立场和看法。

含糊：总是喜欢提问题，但回复时总是模糊不清。

转移：总是随自己的想法转变话题。

间接：讨厌直接接触，喜欢以第三方的形式来交流，例如打电话或者留便条来转述自己的想法。

情感挟持：影响者总是借思想或伦理逼迫别人与自己观点一致。

当然，很少有人会同时满足上述 20 个特征，若你的朋友同时有一半以上的特征，你可要小心了，一定要及时识破他们的保护色，识破他们影响者的本来面目。

下 篇
反影响的博弈之法

第十章
博弈防卫术：巧用反向策略，干扰对方心理

一个明智的博弈高手，不会与人针锋相对地较量，他们更善于通过智慧制造烟幕弹，迷惑对方，从而实现反向博弈。

1. 反向博弈的成功离不开障眼法

与人博弈并不单单指短兵相接的战斗。那么，什么才是真正具有智慧的博弈呢？那就是以蒙蔽对手的方式来进行反向博弈。假如你的实力强大，就要示弱对手；假如你实力不济，就要装作很强大的样子；假如你能看穿战局，可以把自己伪装成一个愚者；假如你成竹在胸，则可以故意犯点小错。以这种伪装的方式进行博弈，其原理就是"障眼法"，障眼法会让对手看不穿你的实力，因此比跟对手正面交锋更能轻松地达到目的。

廉颇的后代廉范是东汉的名将，他在任云中太守时曾成功抵抗过匈奴的多次入侵。有一天，大批匈奴军队来进攻边境，按照惯例，如果来犯的敌人超过5000人，便能传信向邻郡求救。但廉范并没有传信求救，而是直接率领人数不多的部队，前去边境抵抗匈奴大军的侵犯。

匈奴大军人多势众，以人数相比，廉范率领的汉军与之相差甚远。但廉范毫不胆怯，正好当时太阳已经落山，他传令下去，每个人高举两个火把，列阵在敌军的三面，这个策略就相当于把人数翻了两倍。果不其然，匈奴大军远远看见汉军营地渐渐扩大，有好多火把，以为有大批援军到来，军中上下甚是恐慌。

廉范就是要蒙蔽匈奴，让匈奴不知道汉军究竟有多少人，从而把他们威慑住，然后再率军突袭就事半功倍了。

次日清晨，在匈奴准备撤退时，廉范率领汉军发动进攻。他先让十几个兵卒埋伏在敌军营房后击鼓，然后让人去营前点火，一面击鼓一面呼喊，前后策应。其余的人则带着武器和弓箭埋伏在敌营门前两侧，待敌军一出现便发动攻击。等到廉范点起大火，鼓声震天时，本来就军心不稳的匈奴军猝不及防，顿时大乱，慌乱中抱头鼠窜，自行践踏，损失惨重。这时廉范就势追杀，从而取得了最终的胜利。

为什么廉范会取得胜利呢？因为他成功地运用了反向博弈，他知道自己的实力不如敌人，便故意把己方伪装成声势浩大的部队，让敌人先在心理上产生恐惧，从气势上压倒敌人，从而占据优势。

其实，想要正确地使用障眼法并非易事，需要有一定的操作手段。

一是要找到对手的弱点，先从心理上把他打倒。若是你找不到对手的弱点，那就想一想他平时有哪些可笑的地方，这样就能把他从高高在上的地位上强行拉下来了。

二是说话要有底气，嗓音洪亮，让对手觉得你很有实力。用这种方法增强自己的信心，让你从内心感觉自己渐渐地变得强大。

三是运用目光来强大内心。

值得强调的是，在运用障眼法时，有一个原则你必须知晓，那就是你必须对自己有绝对的信心。因为以小胜大说到底是勇气的对决，"狭路相逢勇者胜"，所以想要吓倒对手，必须先在心理上战胜对方。

2. 越有底气的时候越要示弱

在日常生活中，你会发现大部分人都喜欢逞强，把自己标榜得无比强大，想以这种强大来赢得他人的尊重和崇拜。而事实上，这种逞强的人往往更容易暴露自己的短处。在这种看似强大的心理攻势面前，人们不会做出任何让步。而有时候，适度的、有策略的示弱更能赢得他人的好感，更能获得生存和发展的空间。人们把这种现象称为"示弱定律"。其实，这里的示弱并不是真正的弱不禁风，也不是毫无强硬之气的彻底放弃；相反，示弱是一种聪明的退让。

"鹰立如睡，虎行似病。"鹰和虎是自然界中两种凶狠的动物，在生存竞争的博弈中，它们并非以强者自居，而是主动示弱，先弱后强，避免了因锋芒太露而引来攻击。它们的这种示弱还使对手放松了警惕，为下一次的攻击制造了大好条件。所以，它们发动捕食，几乎从不落空。

海滩上曾经有两种不同性格的蓝甲蟹：一种性情温和，遇到敌人便不跑不动，四脚朝天地装死；一种性情凶猛，遇到敌人不知躲避，摆出一副随时准备开战的架势。千百年后，人们发现，性情温和的蓝甲蟹大量繁衍，世界上许多海滩上都有它们的踪影，而强悍凶猛的蓝甲蟹则成了濒危动物。

不管是雄鹰、猛虎还是蓝甲蟹，都是以示弱赢得了最后的胜利。而对于人类来说，博弈的最终目的也是要赢得胜利，如果你保持一种强大的姿态，只会让你的对手对你提高警惕，而且还会和你一样斗志昂扬。相反，适当地示弱一下，则有可能让对手暂时放松下来。所以，即使你有足够的把握取胜，也要先示弱一下，让对方以为自己胜券在握了，然后再趁对方麻痹松懈之时，给对方狠狠一击。

公元616年，李渊被隋炀帝封为太原留守。当时，突厥用数万兵马轮番攻击太原，而且在突厥的支持下，隋朝将领郭子和、恭举等纷纷起兵反隋。作为太原留守，李渊骑虎难下，一面要抵御突厥的入侵，一面还要面临被隋炀帝以失职为借口杀头的危险。

本来，李渊想与突厥决一死战，最后他却决定派谋士刘文静出使突厥，不但向突厥方面屈节称臣，还把"子女玉帛"献给突厥的始毕可汗以表诚心。

当时，很多人都对李渊的做法不理解，李渊却有自己的计划。原来，李渊在分析了天下大势后，已决定起兵反隋。太原虽然是军事要塞，但并不是理想的根据地，要想取得最后胜利，必须占据关中。进取关中，太原又成了万万不可丢失的大后方。怎样才能保住太原，毫无后顾之忧地去夺取关中呢？

如果李渊让手下仅有的几万兵将全部屯守太原，以突厥的兵力早晚会攻下城池，更别说进取关中了。而如果要进军关中，以区区几万兵将也是难以应付的。所以,李渊认为唯一的办法便是向突厥示弱,使其为己所用。

始毕可汗是一个唯利是图的人,看到李渊主动示弱求和,便与李渊修好。在李渊率兵从太原进入关中的那段时间,留守太原的只有李渊的第三子李元吉和少数人马。

李渊的屈节称臣虽然为很多人所不齿,但在当时的情况下不失为一种明智的策略。正是因为李渊懂得示弱,能屈能伸,才使得弱小的李家军既保住了后方根据地,又顺利地夺取了关中,为唐朝的建立打下了坚实的基础。

成功需要很多条件,其中之一便是有进有退,能屈能伸。在与对手的博弈中,暂时的让步,往往能使对手放松警惕,给自己争取韬光养晦的时间,而之后崛起时的力量则势必会更为强大。

当然,在博弈中,如果双方存在矛盾且一时无法解决,而僵持下去对自己有百害而无一利,这时你不妨先向其示弱,让对手对你失去戒备之心,甚至是对你加以同情、施以援手。然后,抓住时机,以强大攻势夺得最后的胜利。

3. 藏起你的精明,扮演一个笨拙的人

一个人精明是件好事,因为一个精明的人知道如何才能少犯错误,但太精明也未必是件好事,特别是感觉自己聪明、夜郎自大的人,会给自己带来不必要的麻烦。"聪明反被聪明误"便是这个道理。所以,在适当的时候隐藏起你的精明,把自己装扮成一个愚笨的人,不光是真正意义上的精明,也是一种真正的人生智慧,"大智若愚"就是这个道理。

我们发现,在与他人的日常交往中,当你表现出自己的聪明时,对方可能并不喜欢你;如果你表现得有些愚笨,对方却可能觉得你非常有趣,

反而喜欢与你交往。

再比如，在许多公司尤其是那些关系复杂的公司中，一些聪明的下属总会隐藏自己的聪明，装作自己很愚笨来衬托上司的精明，由此来博得上司的赏识。当上司叙述某种想法后，他会表现出茅塞顿开的样子，并第一个叫好；当他对某个项目有独特可靠的想法后，并不是直接发表意见，而是用隐晦的方式告诉上司，同时再发表一些不成熟的意见与之相比。久而久之，这样的人可能不会得到同事们的喜欢，甚至会被误认为有些傻，但上司却会对其青睐有加。这样的人实际上是真正的交际高手，他利用的正是人的本性。

吴天在一家大公司当业务员，有一次，他为了与某个公司签订合作合同而频繁去与该公司老板洽谈。这个老板虽然是个腰缠万贯的土豪，但却吝啬得很。吴天的好几个竞争对手也和这个老板打过交道，但都不顺利。

有一天，这个老板可能是闲来无事，便和去拜访他的吴天聊了两个多小时，其中讲到了他在年轻时白手起家的奋斗过程。看到老板说得很认真，吴天也坐直了仔细地倾听。开始吴天还频频称好，但一小时以后，他的腿脚渐渐变得麻木，又过了半小时，他开始头冒虚汗了。

"可以了，今天你也听累了，下次再聊吧。"说着，老板起身，吴天也想起身，不料一不小心跌倒在地。

看到吴天跌倒的滑稽样子，这个老板竟然捧腹大笑："听说你是你们公司的业务骨干？我看你是个笨蛋才对。"后来，这位大老板竟出人意料地成了吴天的客户。吴天说："这可能是因为我是个笨蛋。"

任何老板，或者是单位的领导，都想树立威严，都想让他人看出自己比别人才能出众。怎样才能显出自己才能出众呢？那就是找一个愚笨的人来衬托自己，如果对方"愚笨"，自然而然地就显示出了自己的高明，所以他们都喜欢结交这类人。同时，"愚笨"的人本来就容易受到他人的喜爱。上例中，吴天那些精明的对手都搞不定这个老板，就是因为他们太过精明而丧失了良机。

所以，要想在博弈中受到他人的赏识，我们不妨故意装得笨拙一些，比如装作一无所知，或者偶尔贬低一下自己，再或者把自己搞得衣衫不整等，以此来有效地获得他人的喜爱。

4. 故意犯错，轻松消除对手的警戒心

很多人会这样以为：越优秀的人越能受到他人的关注。于是，在和别人交往的过程中，有些人会尽力隐藏自己的弱点，最大限度地展现出完美的自己。而实际上，这一做法是极为错误的。

美国的一位著名心理学家曾做过这样一个实验：四位选手同时参加一个辩论会，其中两位才能出众，另两位才能平庸。在辩论会上，一位才能出众的选手和另外一位才能平庸的选手都不小心打翻了一杯饮料。实验结果表明：才能出众且打翻饮料的选手是最具吸引力的；相反，才能平庸且打翻饮料的选手则最不受欢迎。

有些人可能会认为这与传统心理学的理念是相悖的，如果仔细地观察周围的人，我们会发现，最优秀的人大多不是最受欢迎的人，最受大家欢迎的是那些能力一般，但时不时会犯点无关紧要小错的人。那么，为什么完美的人不如犯错的人更受欢迎呢？

我们都有这样的感受，和过于完美的人交往，往往会给我们带来无形的压迫感。而且，大多数追求完美的人都会有严重的完美主义倾向，对身边的事情都有非常苛刻的要求，这会给人一种高不可攀的感觉，从而使人际关系渐渐变得紧张。

从人的隐性心理意识来看，每个人都倾向于认同自我价值。如果我们周围都是优秀的人，他人也会认为我们是个优秀的人，这样会体现出我们的优越感。另外，跟有能力的人交往，我们会学到更多的经验，会让我们

感觉到自我价值的提升。所以，我们会选择跟优秀的人交往。

如果与比我们能力高出很多的人交往，则会让我们感觉到遥不可及，这种巨大的差距就会形成压力感，以会使我们不敢和他们交往。因为与他们交往会显示出我们能力的不足，使自己找不到存在感。反之，如果我们过于优秀，没有人愿意和我们交往，而如果我们故意犯点错，效果就不一样了。

由此可见，我们要学会运用犯错效应，假如你是个能人，那就不要再刻意地展现自己的才能，稍微暴露下弱点，微微露出自己的不足，会让更多人喜欢你，不管对方比你能力强还是比你能力弱。因为只有会犯错误的人才是最真实的，只有真实的人才会唤起他人心理上的亲近感。

需要注意的是，犯错误效应也是有限制的，即只有能力出众的人才可以犯一下大家都可以原谅的错误。如上面的实验中，那个能力平庸打翻杯子的人犯的错误本无伤大雅，却因此而最不讨人喜欢。

此外，犯错误效应还具有性别差异。据调查统计：相对于女性，男性更喜欢有能力且会偶尔犯点错的女性；相反，女性会不管对方男女，只喜欢能力非凡且不会犯错的人。

5. 装可怜，伪造"弱者"的假象

人们对于弱者的本能反应就是同情，同情可怜的人，帮助需要帮助的人，是中华民族一直提倡并传承的优良品质。例如，人们普遍有一种怜悯心态，碰到弱者的时候，会本能地同情他们，想要帮助他们。平时看到一些需要帮助的老人、小孩，我们会毫不犹豫地去帮助他们。在大街上看到一个乞丐，我们会主动跑过去施予他一些食物或是金钱，哪怕明知道他是一个骗子。两个人吵架的时候，如果其中一人痛苦得泪流满面，即使他是错的，对方也不忍心再对其进行攻击。

第十章

博弈防卫术：巧用反向策略，干扰对方心理

周勇是一家公司的业务员，因为刚参加工作不久，缺少经验，导致在一次谈判中失败了。事实上，周勇所在的公司和另一家与自己竞争的公司的实力水平相当，但是客户还是没有选择自己公司的产品。周勇认为辜负了领导对自己的信任，领导将这么重要的一笔业务交给自己，可是却因为自己水平不济而失利，想到这里竟掉下了眼泪。

出人意料的是，竞标客户的部门经理在第二天给周勇打电话告诉他再去一趟，经理又重新比较了两家公司的产品，认为周勇所在的公司的产品也存在自身的优势，因此决定取消与另一公司的合作，选择了周勇所在的公司的产品。

周勇对该经理的决定感到很疑惑，原本已经决定的事情，为什么又重新选择呢？原来，昨天周勇哭着离开的时候，恰巧这位经理正开车从他身边路过，看着周勇背着包流着眼泪走在夕阳的余晖下的情景，竟回忆起自己大学毕业刚刚步入社会时艰难的处境。因此，他回到公司又重新研究了周勇所在的公司的具体情况，并决定与周勇所在的公司达成合作。

弱者的优势在于总是能够得到别人不设防备的帮助，扮演弱者来获得别人的同情和帮助，这在心理学上被称作"败犬效应"，就是大家选择支持弱者的效应。案例中的客户正是因为同情失败后伤心的周勇才选择了周勇所在的公司的产品。

《孙子兵法》中写道："攻城为下，攻心为上。"这是与人交往中最核心的原则，攻心是最有效的方式。在和别人的博弈中，你可以尝试装作一只掉进河里的小狗，当对手感觉到你的可怜，便会不由自主地同情你，对你的要求也会降低。因此，在你和对手博弈并处于劣势时，不如装装可怜，因为你的强硬会使对方更强硬。只有软弱下来，让对手发现你的无助，他才会因为你可怜的样子停止攻击你。

败犬效应在正式的谈判中同样适用，结果极有可能是"弱势"的一方反败为胜。在国外政坛，很多参与竞选的候选人也尝试过使用败犬效应，他们故意将自己的情势描述得很危险,期望用这种方式获得选民的同情,多获得一些同情票。

但是,在采用这个办法之前,要充分了解对手的心理,知道如何做才能抓住对手最软弱之处,使对手不能对你硬起心肠,最终获得对手的同情。当对手看到你可怜无助的样子,他会感觉你们之间差距悬殊,感觉你不能对他构成威胁,甚至会同情你,放松对你的警惕。

不过,利用别人的同情心来获得成功的办法不能经常使用,如果总是装作可怜的样子,不仅不会获得别人的同情心,还会使别人讨厌你,甚至受到别人的鄙视。

当然,如果利用别人对你的同情到处行骗,则会引起他人对你的痛恨,同时也会伤害那些善良的人。

6. 真真假假,干扰对方的判断

在与他人的博弈中,尽量不要锋芒毕露,即使本身拥有绝对的优势,也不要随便把它展现出来,不然对手提早做好预防措施后,你再想取胜便不那么容易了。而要做到这一点,就要掩人耳目,以此扰乱对手的判断。暗度陈仓便是一个很好的例子。

"暗度陈仓"的前提是"明修栈道",指的是公然展现一个使对手认为笨拙且不会对其造成损失的行为,让对手放松警惕。而在公开行动的背后,还有另外一套真实意图的行动。明处的活动不会造成什么影响,背后的真实行为才是致命的一击。在对手被表面的假象蒙蔽并卸下防备时,给对手来个猝不及防的沉重打击,你便胜利了。

某著名企业家被一位希望能得到他最新八卦消息的主持人采访,当主持人不断询问该企业家私人问题时,企业家微笑着、有礼貌地与采访者说:"小伙子,我有很多时间,你不用那么急切地询问。"企业家的淡定在那一刻让采访者甚感惊讶。

过了一会儿,企业家端起桌上的一杯咖啡喝了一口:"我的天啊,这杯咖啡实在是太烫了!"随着企业家的叫喊,咖啡杯掉在地上摔碎了。企业家像是受到了惊吓,忙拿出了一根香烟。

"先生,您的烟拿反了。"原来,企业家正打算从过滤嘴处点烟。听到主持人的提醒,企业家把手上的烟转了个方向。不料,桌上的烟灰缸被碰掉到地上。

总之,在采访过程中,企业家出尽了洋相。在主持人看来,这位企业家叱咤商场数十年,印象中一直是镇定自若的人,怎么今天的表现这么糟糕呢?在不知不觉中,原本带有挑衅心理的主持人竟对这位企业家有了一丝怜悯之心。事实上,这一切都尽在企业家的掌握之中,这才是企业家希望得到的结果。

被掩饰的一般都是最具有价值的,如果让对手对自己有了完全的了解,那么这场战斗也就不战而败了。为了不做对方虎视眈眈的猎物,当你的内心被对方偷窥的时候,你要学会像乌贼喷墨那样掩盖它。不管对方使用什么策略,你都不能透露自己的真实内心,不能让对手提前有所防备。

在与对方的博弈中,我们不仅要详细地了解事物的本质,同时还要给对手以幻觉,搅乱对手的判断,使其不能看透事实真相,这样才能在博弈中取胜。

在很多经典的军事战争中,优秀的指挥家要么虚张声势,让敌人胆战心惊,要么假装服软,施欲擒故纵之术。三国时诸葛亮用空城计智退司马懿,以及红军四渡赤水都是制造假象、干扰对方判断的经典战役。

在1992年巴塞罗那奥运会上,来自中国的选手庄泳参加了100米自由泳项目。当时,庄泳的最大对手是来自美国的游泳名将汤普森。汤普森在半决赛上表现出色,打破了世界纪录。也就是说,汤普森是带着两个小组第一的光环参加决赛的,而庄泳的成绩在决赛选手中并不优秀。汤普森被安排在第四泳道,庄泳被安排在最靠边的泳道上。在决赛过程中,汤普森表现得目中无人,不把其他选手放在眼里,再加上参加半决赛时体力透支,不幸与金牌失之交臂。而庄泳在半决赛中适度保持了体力,并用假象蒙蔽了汤普森,使汤普森放松了警惕,最终在决赛时超常发挥,摘得了金牌。

从上例可见,庄泳摘金靠的是超凡的实力,聪明才智也发挥了重要作用。那么,怎么才能制造假象、干扰对方的判断呢?

首先,平时要多学习、多读书,尤其是多读史书、名人传记及管理和励志方面的书,通过读书,我们可以从历史和名人身上学到很多知识。

其次,在行动之前要先搜集信息,兼听则明、偏信则暗,只有搜集到全面的信息,才能做到心中有数。

最后,要三思而后行。看问题要从多个角度看,多问几个为什么。

只要我们掌握了丰富的知识,掌握了制造假象的方法,便能干扰对手的判断,胜券自然在握了。

第十一章
职场博弈术：大事要精明，小事要糊涂

  老板与职业经理人、高管与员工、员工与客户……职场当中，处处都是博弈，在这种环境里，究竟怎样才能借助博弈术创造出一个最理想的软环境呢？

1. 多劳，有时候未必会多得

我们常常听到周围的人在抱怨："为什么只有我自己的工作量那么大，得到的报酬还那么少，真是不公平！"

能者多劳本来是一件正常的事情，可是，当我们的付出与收获不成正比时，即使解决问题能多少带来点满足感，但是每天看着如山般的工作，还有时不时冒出的突发情况，时间久了，每个人都会感到厌倦。这时，也就出现了一个问题——多劳，未必多得。

为什么会出现这种情况呢？在一个企业中，治理体系的健全、管理制度的规范、执行力度的彻底等是它健康发展的必要条件。而如果一个公司以工作量作为判断职员能力的标准，那么恐怕就会出现以上情况了。

近几年来，工作量成了职场上最敏感的词之一，职员们对工作量又爱又怕，因为它直接关系到绩效考核和收入，反映着每个人在办公室的位置。职场新人总会以为越是积极地工作，越是干得多，月底得到的工资一定也越多，但实际上并非如此。同样是一个月的时间，或许你干的要比同事质量更好、数量更多，但是老板很多时候会选择"忽略"你的业绩。

小宋在一家公司工作。一天，上级要开一个会，要求下级准备一些开会需要的资料，小宋所在部门也分到了任务。

这天，小宋的领导找到了他，把上级的意思大致说了一下，然后对小宋说："小宋啊，这次上级召开的这个会十分重要，你的文字功底好，这次是一个好好表现自己的机会，你一定要好好写，不要辜负我的期望。"小宋说："好吧，我尽力而为。"就这样，小宋接了这个任务。

事实上，小宋的内心是拒绝的，他的文学素养确实不错，也好说话，要是以前，这样的任务他会毫不犹豫地接下，而且出色地完成。但是正是由于他接到类似的任务越来越多，领导每次都说让他好好表现，好像他完成了就可以升职一样，可是每次他做完，领导就像没事一样，忽略了这件事，倒是别人该实现的都实现了。就连每年的推优评优，领导怕有些人心理不平衡，竟然宁可提别人的名。

其实这也没什么，这次小宋不情愿的最大原因，是因为这份材料本不应该是他写，而是领导要求他写，既然领导开口，自己当然不好意思拒绝。但是干了这么多额外的工作，工资也没有上涨一分钱，职位也没有提升，小宋心里愈发不平衡。

笼统来说，大部分人都希望自己在职场中有尽可能少的麻烦和尽可能多的报酬，这是人之常情。但现实往往与期望相悖，多劳者，有时候不一定多得。所以，面对这种情况应该怎么办呢？

其实，"多劳者"可以分为两种，一种是有能力者多劳，一种是无能力者瞎忙。站在企业的角度，我们应该明白，一个健康的企业，更多的时候应该帮助这两类人分析原因，制定公平的制度来让多劳者真正多得。而站在个人的角度，多劳者应该端正自己的态度，分清楚自己属于哪种"多劳者"，从而改变自己的行为，实现"智劳多得"。

2. 最有能力的人并不一定能升职

一个企业如果想健康有效地运行下去，就一定要有一群各具特色的人来共同推动。有的人工作认真，勤勤恳恳，只会把自己分内的事做好；而有的人，在完成自己职责的同时，还能在公司遇到难题时挺身而出。

我们常常听身边的人说，某某的工作效率明明没有我高，却还能做自己的上司，公司领导凭什么这样选人？也有人会说，自己每次的任务都完成得十分优秀，却一直没有被提拔，究竟是为什么呢？

实际上，职场是一个复杂的综合体，每个人在最初加入时，可能都怀着一个升职加薪的理想。有的人可能会认为职场就是一个靠本事吃饭的地方，只要自己的能力够强，就一定有机会混到高层。可是现实往往会给我们一大巴掌，最有能力的人有时并不一定能升职，这其中有什么缘由呢？

首先，俗话说得好，"人怕出名猪怕壮"。虽然你有能力，但公司让你升了职，出了风头，很快就会有猎头来挖墙脚。要知道一个人才对企业来说有多么重要，所以公司会尽量让你低调，最好不要让别的公司发现你。这样，就可以让你多为公司出一分力。

其次，如果公司给你加了薪，万一你感觉自己了不起了，骄傲了，感觉公司离不开你了，你就会觉得这个公司老板给的待遇还是低，就会露出不忠诚的迹象，公司对这样的人才是又爱又恨，所以一般不会给你升职加薪的。

小方已经在北京的某家外企干了好几年，和自己一同进来的小申也是如此。小方这个人很聪明，也很能干，在职期间，已经为公司谈了好几单大生意。可是最近他有点苦恼，自己的实力明明那么强，但是老板似乎并没有看在眼里，升职加薪的事情，也没有一丝动静。

让小方更气愤的是，小申比自己的能力差多了，可就在前不久，他升职成了办公室科长，小方怎么也想不通，于是一气之下，便递交了辞职信。

当他把辞职信交到老板手中时，老板看了看他，说："小方啊，我知道你为什么要走，无可否认，你的工作能力是很强，也为公司解决了不少难题，但是你没有很好的领导能力。而小申不同，他虽然能力一般，业绩平平，但是他能和同事们和睦相处，你一个人再优秀，也抵不过一个团队的力量啊。"小方听到这里，顿时傻眼了。

故事中的小方无疑是一个很有能力的人，但是他能得到老板的青睐吗？答案显然是否定的，有能力固然好，但能和别人打成一片，让一个团队共同前进，才是领导想看到的，也是最需要的。那么，现实中有能力的人如何做才能让自己成功升职呢？

在职场中，一定要有非常清醒的认知，不要每天生活在梦幻里，不要太理想化、标新立异，抑或认为自己有能力就可以走遍天下。要知道，专业知识只占领导好评的一部分，领导更多看中的是一个人的综合素质，各方面都不错的人，才有机会被认为是公司的香饽饽。这种综合素质包括领导能力、沟通能力、管理能力，以及各种软实力等。

有人可能不明白什么叫软实力，在职场上，就是要学会妥善处理与同事和领导的关系，但所谓的原则，还是必须要遵守的。只要做到以上几点，相信升职加薪就在不远处等着你。

3. 有时候什么都不做比什么都做更好

你有过这样的经历吗？看到某项技能很棒，脑子一热就开始学习，然后兴冲冲地准备了各种资料，购买了最好的装备。所有东西都准备就绪时，突然发现自己早已经厌倦了，没了最初的激情与冲动，最后草草收场。

你有过这样的经历吗？遇到一个喜欢的人，就急不可耐地把自己的全部感情都交出来，短信、电话 24 小时不间断，仿佛自己的世界里只有对方，最后却从彼此之间无话不说走到形同陌路。

你有过这样的经历吗？在网上看到一件反季的衣服特别喜欢，然后急急忙忙下单，之后的几天都在刷新它的物流信息，看是不是离自己又近了一步，日子就在用手机刷新物流信息中度过了。终于，当你拿到包裹时，手忙脚乱地打开，穿着试了一下就搁置一边，到了真正能穿的季节却早已忘了那件衣服。

心理学家研究表明，人性的弱点总是暴露在行为中，面对眼前简单而刺激的现象，我们急不可耐地追求，最后热情退去后，又转而去追求另一件事情。其实，在人们的辗转反侧之际，浑然不觉，有时候什么都不做比什么都做要好得多。

道理很简单,一句话就可以说明,但实际做起来,没几个人可以做到。人在一生中某个不可预知的阶段,一定会遇到令自己不知所措的事情。那些时候,人们被无力和痛苦包围着,与此同时,仅剩的理智告诉我们,不要做任何的挣扎,因为那样根本没有意义,甚至会使事情向更坏的方向发展。但不幸的是,很多人都选择了孤注一掷,最终导致局面不可挽回,然后只能发出无奈的叹息。

邓先生在一家公司工作,平时没别的爱好,就喜欢看书,但是最近他喜欢上了炒股,一天中的大部分时间,他都在观察股票走势。

最近,他花了几天时间写了一本炒股笔记,其实这是他用炒股亏损的钱换来的经验。当手头有流动资金时,他总是不断买进,频频市价下单,最后眼睁睁地被套牢。幸运的是,他赶上了好时段,大部分最后成功逃脱,但也是有少量收益的时候抛出去的。两个星期后,卖出去的股票竟然涨了一番,这还不算,剩余的某只股票由于暴跌,把这几天赚的钱都搭进去了。又过了几天,他终于看到一家公司出现了机会,手头却没有了现金。

其实,邓先生只是社会的一个小小缩影而已。在很多时候,我们唯一该做的事情就是什么都不做,就是这"什么都不做"却是世界上最难的事。仔细想想,很多事情都是在应该静静等待的时候逆势而为,导致越陷越深,以至于到了真正有机会的时候,手中的筹码却早已用完了。

所以,在现实生活中,我们应该学会安静地等待,等待真正的机会。要记住,有时候,我们什么都不做比什么都做要好得多。

4. 太聪明的人很难得到领导赏识

说到聪明人,大部分人的第一反应应该是一些智商超群或者毕业于名牌大学的人。聪明的人在学校里享受着别人的仰望，当然他们也习惯了那种高高在上的感觉。但早在多年以前，社会学家就发现一个有趣的现象：在学校中成绩好的学生，踏入社会进入某家企业以后，大多数都不会得到领导赏识。

为什么会有这种现象呢？众所周知，在一个企业中，虽然大家各自做着自己的工作，但最后的成绩应该是每个人一起努力的结果。在这里既然有了合作，就存在着人与人的利益关系——每个人都想守护自己的利益。这个时候，从某种角度讲，就出现了矛盾，即有权者和有理者的矛盾，如果有权者和有理者不是一个人，那么这个矛盾势必将无限放大。你想，如果企业中有一个聪明绝顶的人，那么他的存在会让领导感到自己见识短浅，从而产生"这个聪明的人会不听自己的管教"心理的出现，无形之中就给聪明人增加了一道门槛。聪明的人面对这种情况，肯定会对领导产生不满情绪，于是一场恶战后，聪明人只能选择跳槽，到了下一个公司后，同样的桥段会再次上演。

社会学家指出：领导不会选择比自己优秀的人作为下级，以免造成职务上的竞争。由此可见，职场中，利益的纷争还是很严重的，这就是那些聪明人在企业中难以立足的重要原因。

小武在国内某所知名大学上学时成绩非常优秀，毕业后，凭借着高学历，他毫不费劲地找到了一家合适的公司。

刚入职的他有很多地方都不是很明白，但毕竟是知名学校出来的研究生，学习起来特别快，在一个多月内，他已经熟练地掌握了自己负责的工作。在闲暇之余，他还喜欢对同事的工作指点一二，很多同事对于他的这种行为，每次只能投来羡慕和敬仰的目光。小武也乐在其中，自以为自己的所作所为早晚有一天能让领导赏识。但是一个月过去了，两个月过去了，迟迟不见领导找他，小武于是产生了一种抵抗情绪。在学校的时候，人人都围着自己转，到这里却没人赏识，他越想越气，于是就去找领导谈话了。

其实，他的一举一动领导都看在眼里，正因为他实在是太聪明了，好几次公司的重大决策，他偏偏要和领导的意见不一样，所以领导没有把他放在眼中，因此谈话的结果在意料之中——小武被炒了。

这样的结果实在令人遗憾，一般情况下，聪明人来到一家单位不可能直接就是领导，所以他的到来就产生了很多麻烦。当然有远见的领导会以事业为重，留着这样的人才，但多数企业的领导做不到这点，对聪明人的嫉妒大于欣赏，所以压制了聪明人的发展，聪明人也就因此没落了。

所以在变幻莫测的职场中，聪明人怎样才能得到领导的赏识呢？其实，至少要做到以下两点：

第一，聪明人应该放下身段。态度是第一位的，领导看重的一般都是一个人的态度，如果你踏踏实实地工作，心态是平衡的，那么就会给领导留下一个很好的印象，升职加薪当然也近在眼前。

第二，聪明人应该多辅助领导工作，而不是替领导决策。聪明的人应该善于帮助领导解决各类问题，而不是和领导对着干。这样，与领导一起进步，离晋升的机会也就不远了。

5. 干活不争取，哪来高薪？

现如今的职场，在勤勤恳恳的职员中间，有两大话题是不能谈的——休假与薪水。对于一个企业，老板当然不希望自己的员工停下手头的工作，于是休假便成了很多职员的梦想。相比之下，薪水或许与领导有商量余地。

谈薪水，很多人都说是一件煞风景的事，这个话题看起来似乎很敏感，所以几乎没有人会主动去争取，都是在默默地干活，因为他们觉得调薪是领导对自己能力肯定后才做的事，那是一种对自己工作的认可。实际上，每个人都想着自己的利益，所以大部分企业的老板都不愿意主动为员工调薪。如果你觉得自己的努力和个人价值可以获得更高薪水，那么就应该跟领导谈谈你的想法，至少那样你就有可能获得与自己的付出相当的回报。

这里可能有人会问：工资，自古以来都是个尴尬的话题，如果认为自己可以去找领导谈话，万一"偷鸡不成蚀把米"，领导没理自己还算小事，要是炒了自己，那该怎么办？其实，事在人为，面对一些敏感的问题，我们就要用科学合理的办法去解决，只要方法用对，一切问题都可以迎刃而解。

王敏的性格比较腼腆，不善于与别人交流。两个月前，她刚入职上海的一家公司。入职前，人事部门跟她说好了每年会根据员工的表现调整工资。

就这样，王敏在这家公司待了两年。两年间，王敏始终相信自己的付出一定能换来领导的赏识。但事与愿违，她辛辛苦苦地把每件事都干得十分出色，而且闲暇时间还帮同事解决一些难题，但迟迟不见老板的召唤，加薪也遥遥无期。于是王敏开始在郁闷中工作。

有一天，王敏在网上看到一篇文章，刚好是有关在职场如何争取高薪的。看完后，她有所收获，正好赶上最近一段时间公司的效益还不错。于是她为自己争取高薪做了一些准备，包括自己做的一些成绩、薪水上涨的幅度，还有接下来自己对公司发展的建议，等等。一切都准备妥了以后，他找到了领导，按照计划，提出了自己的想法。其实她心里本没有底的，但出乎意料的是，领导真的同意了她的要求，王敏成功实现了自己升职加薪的梦。

加薪本就该自己争取，而不是听从公司安排，很多人碍于面子开不了口，只是一味地干活儿。那么现实中，我们该如何争取才能实现自己的高薪梦呢？

加薪法则一：了解同行的薪水情况。

争取的第一步,我们应该先去了解不同公司的同行的薪水情况。人脉也好,网络也罢,调查的过程中一定要记住一个问题,就是地域差异可能会带来薪水的不同,所以一定要调查同等城市的同行。

加薪法则二:想好薪水上涨幅度。

在和领导谈判的时候,你一定要让领导明确,为什么你能得到更多的薪水。你可以把自己为公司做出的业绩展现给领导,但是切忌拿同事和自己比,加薪是比较私密的事,所说的内容一定以自己为主。

加薪法则三:挑选合适的时间和地点。

合适的时间和地点会让事情事半功倍。如果你想让领导给自己加薪,最好的时间就是你刚刚为公司办成一件大事的时候,地点可选择私密一点的地方,借着东风,相信你一定可以加薪成功。

6. 结盟策略:与强者的实力抗衡

众所周知,数学中有这么一条定律——三角形的两边之和一定大于第三边。其实这个定律也可以应用在社会学中。若有三方割据势力存在,并形成三足鼎立,这是一种相对比较稳定的局面,如果有一方——强者来攻击一方弱者,被侵犯的一方势必不会坐着等死,而他唯一能想到的办法就是结盟。

结盟,指的是由比较弱小的两方势力联合在一起,共同抵挡另一方强大势力的办法。结盟以后,两方之和大于第三方,这样稳定的局面就又可以继续保持了,如果另一方的力量大于两方联合,那么这个结构就将面临瓦解。

在职场中,强者盛气凌人,弱者痛苦不堪,于是很多弱者就利用这种结盟策略与强者抗衡,以此保证自己的地位处于一个稳固状态。

国内某家知名的企业 A 就曾用过这样的策略,使其一直辉煌到了今

第十一章

职场博弈术：大事要精明，小事要糊涂

天。某年，这家企业的老板面临着一个巨大问题，就是有另一家当时很大的企业 B 愿意花巨资并购它。作为一家独立的企业，A 当然不甘心被束缚，但此时的它明显处于弱者的状态。

既然是弱者，A 的老板就理所当然地想到了结盟策略。他调查了周围的企业，竟然真的有所发现，他了解到 B 有一个不可忽视的竞争对手，那就是企业 C。C 虽然看起来实力并没有 B 强，但潜力很大，正在发展壮大之际。这个时候，对于 B 和 C 来说，A 就成了一个合格的合作者。如果 B 并购了 A，肯定会直接影响到 C 的发展，将其扼杀在摇篮中；但是如果 A 和 C 选择交好，C 的力量就强大到足以抵挡 B，而且 A 也保住了。

想到这里，A 的老板果断选择与 C 合作，双方在一场会议中很快就达成了一致，彼此提出的条件也令双方都很满意。最后，他们成功地实现了结盟，双双联合达到了与强者抗衡的目的。

这个故事告诉我们，现如今的职场，已经不是一个人打天下的时代，如果我们想成功，一个人行动往往是不合适的，因为很多任务不可能一个人完成，要多想想与别人合作。尽管有时候合作的几方看起来都很弱，但"三个臭皮匠赛过诸葛亮"，一旦几方同仇敌忾，团结在一起，就会形成一股强大的力量，在这种力量面前，再厉害的对手也会被打败，这就是结盟策略的魅力所在。

人们常说：小合作小成功，大合作大成功，不合作难成功。这句话讲的就是结盟的重要性。我们每个人的才能和资源都是有限的，也是不同的，但很多时候，你的不足在另一方看来就是小事，就这样以长补短，变劣势为优势，你就会发现，你成功地打开了另一扇走向成功的大门。

对企业而言，这种策略更应该得到重视才对。如果羽翼还未丰满，就要多多与别人结盟，从博弈学的角度看，选择结盟就是借别人的力量来壮大自己。从上面的例子我们也不难看出，弱者在面对强者时，通过合作增加实力，无疑是最佳的办法。

第十二章
社会博弈术：外圆内方的处世之道

你想结识对方，对方却未必想结识你；你想获得帮助，别人正好也是这么想的；你想拉近彼此距离，也许他人正绞尽脑汁想如何疏远你……不论你是否意识到，博弈在社交活动中是一直存在的。

1. 多一句称赞，就能少一点距离

　　心理学家研究表明，人类天生渴望别人赞美自己。好比运动会上，运动员们听到了观众们的掌声和欢呼声，就会更有向前冲的劲头，因为观众的赞美对他们无疑是一种肯定和支持，获得称赞的运动员的心理得到了满足，成绩自然就会好。

　　其实在生活中，当我们被别人称赞，心里也会偷偷地高兴。赞美是一种人际关系催化剂，它能很好地促进人与人之间的关系。当然，称赞并不是指一味地说好话，阿谀奉承别人，那些不分场合和时间的溜须拍马只会让人感到不舒服。真正的称赞是一种发自内心的、自然而然的行为，不需要过多地考虑，是在合适的场合说适宜的话。

　　称赞别人往往很简单，就是多一些发现别人长处的眼光。少一些对别人的挑剔，学会称赞别人，你会发现，人与人之间的矛盾和误会要少很多，人与人之间的距离则会更近一些，这样不仅能让一个人的修养有所提升，更会让社会群体中的每个人都感到舒适，而这种氛围需要我们每一个人来营造。

　　有人曾经调查过类似的事件。在一个员工很多的公司中，询问他们认为最重要的事情是什么，结果绝大多数人把工作业绩放在第一位。从中我们可以发现，在小小的职场中，人们把别人对自己的肯定看得很重，所以不难得出结论——称赞，可以拉近人与人之间的距离。

　　某工厂近几日在招聘食堂的大厨，消息一发出来，小许就看到了，他可是从小就跟着母亲学烹饪，后来在很多餐厅也做过大厨，于是他准备了一番，就前去应聘了。

　　不出意外，凭借着高超的技术，他当上了这里的大厨。接下来的日子，他开始体验新环境。实际上，他做的饭菜美味可口，工人们都吃得很满意,但是三个月后,他提出了辞职。老板大惑不解,问他:"为什么要辞职,难道你嫌我给的工资太低?据我所知,在附近的工厂中大厨的薪水都是这样吧,还是你已经找到其他高薪水的工作了?"

小许失望地说:"我以前在一个地方工作,每次人们吃完我做的饭,就会夸赞我'你做的饭菜真可口'或者别的什么,这让我很有成就感。而如今,我在这里,没有一个人对我有一句称赞,所以就算薪水再高又有什么用呢?我还不如去找一个会称赞我的雇主,至少那样会让我感到生活的意义。"

老板听完,受到启发,还是留下了小许。在以后的日子里,老板经常称赞他的员工,也鼓励员工们之间互相称赞。时间久了,老板与员工、员工与员工的关系一次次拉近,公司的生意也越来越好了。

如果干一份工作只为了薪水,那么干这份工作的人只是一个机器。就像小许,他心中在乎的不仅仅是薪水,还有别人对自己的称赞。称赞就代表别人认同你,但是称赞也是有一定技巧的,那么我们该怎么做,才能正确地拉近彼此的距离呢?

(1)称赞具体化

要想亲近别人,我们一定要善于发现别人的长处,然后对别人发自肺腑地称赞。称赞切忌空泛,一定要具体,比如夸人漂亮,你可以说"你长得真像某某某",而不是"你真漂亮"。

(2)称赞增强化

现实生活中,我们可以将称赞一步步地加强。可以隔一段时间,把对方的一些微小变化说出来,这样对方就会认为你把他看得很重要。这样,你们之间的距离自然会越来越近。

2. 镜子效应:你友好,对方才会友好

人生是一条路,在行走的过程中,我们会接触到各种各样的人,或是

过客或是朋友。抛开结局，我们会发现一个有意思的现象，当我们遇到一个陌生人时，一眼看上去很不错，与自己有缘，果然就很好相处；而有一些人，看起来就让人很讨厌，结果也就真的十分可恶。

其实，事实是这样的，有人研究发现，人们对别人所表现出来的态度和行为，往往会做出同样的反应和应答。就好像一面镜子，你笑，镜子里的人也笑；你皱眉，镜子里的人也皱眉。科学家把这一现象叫作镜子效应。也就是说，在人际交往中，你对别人好，别人才会对你好，而当你和不喜欢的人相处时，或许他不怎么喜欢你，但你只要试着慢慢接触他，渐渐地他也会喜欢你的。

但现实生活中，很少有人会意识到这个规律有多重要。在当今这样一个需要合作的社会，人与人本身就是一种互动的关系。只有我们主动地善待别人、帮助别人，才能很好地解决一些生活中本不应该出现的麻烦。就如同一句话所说的那样：赠人玫瑰，手有余香。那些慷慨付出的人往往是最容易成功的，而那些斤斤计较的人，不仅找不到合作伙伴，甚至可能孤单一生。

小王是某所专科学校的一位毕业生，在就业压力如此巨大的今天，他的就业问题很难得到解决，所以他决定去兼职先赚一些本金，然后在谋划其他。经人介绍，他当了一家公司的话务员。

上班的前几天还好，一切都很正常，但一个月过后，他没干出什么业绩，遭到了老板的批评，于是就发生了下面这一幕。这一天来的电话，小王都是敷衍过去的，有时候明明对方都礼貌地打了招呼，自己还是对人家爱答不理，当然最后的结果只有不欢而散，就这样一天过去了，小王的平均通话时长不及平时的一半，业务就不要提了，一单都没有做成。

这时同事小李看到了，过来安慰他，并约他吃了饭。回到家以后，小王好好想了一下，心情好了很多。于是第二天上班的时候，他和往常一样接到了很多电话。但是这次他主动和别人打招呼，对方听到业务员这么有礼貌,越聊越投机,就这样,小王一天之内接了很多订单。

两天业绩的对比十分明显。我们可以看到,在生活中与人交往的时候,你怎么对待别人,别人就会怎么看待你。这是一个因果循环,如果你事先对别人有一种消极的看法,那么这种想法就会从你的语言和动作中显露出来。这时对方如果稍微有点察觉,就会认为你对他根本不友善,所以你们之间的距离就会越来越远。

总的来说,交往就是一面镜子,你想得到别人的尊重和理解,就要主动露出微笑。最后送给大家一句话:一个内心善良的人,他会说我在这个世界上遇到了很多好人;而一个内心邪恶的人,他会说这个世界充满了敌意,人人都心怀不轨。

3. 换位思考:拉近人际关系的捷径

俗话说:己所不欲,勿施于人。没错,在现实生活中,人与人之间少不了交流沟通。有人说,不就是交流嘛,很简单啊。殊不知,看似简单的交流背后藏着很大的学问,其中一个就是换位思考。比如在职场中,很多时候,我们为了拉近自己与同事的关系,已经做了很大努力,结果却不尽如人意。我们总认为自己是对的,总认为自己不被理解,甚至有时候会和另一方产生巨大的矛盾,这是为什么呢?实际上,原因之一就是我们不懂得换位思考。

何为换位思考呢?它要求我们把自己内心的感受,如情感体验、思维方式等和对方联系起来,站在对方的角度思考同样的问题,从而与对方进行情感上的沟通,拉近彼此之间的距离。科学研究表明,换位思考是拉近人与人之间关系的捷径,生活在这个世界上,最重要的莫过于扩大自己的交际圈了。在与别人交往的过程中,如果双方都为自己着想,总希望别人为自己做点什么,那么双方的关系必然不会长久,反而会矛盾重重。反而言之，如果我们能设身处地地站在别人的角度思考问题，了解别人、体谅别人，这样我们的交际圈将会不断扩大，你的口碑也会越来越好。

小赵是一个性格开朗的女孩儿，平时遇到什么困难，她总是能积极乐观地面对。这不刚毕业的她就凭着优异的成绩，成功赢得了第一份工作，在一家保险公司当推销员。

入职前期，小赵认真地学习有关职场方面的知识，熟记各种款项条例，理清业务流程。每次遇到什么不懂的，她就积极地请教比她早进来的同事，甚至有一段时间，在下班的时候，她还主动留下来学习，所以很快，她的业务水平提高了不少。

但事情其实并没有我们想象的那么简单。她在刚入职的时候，总是被老员工呼来唤去，做一些本不应该是她做的事。与她一同进来的新人就有很多人心理不平衡，但小赵不那样觉得。她心想，站在老员工的角度看，他们要指导新人熟悉业务，工作量本就增加了不少，所以新人帮他们做点事是应该的，况且在此期间，新人们还可以学到很多经验，何乐而不为呢？她认真耐心地帮助老员工完成工作，所以老员工们都很喜欢她，在很多方面都很照顾她。

其实无论职场还是生活中，换位思考是融洽人与人之间关系的润滑剂。如果我们在工作中设身处地地为他人着想，那么不仅能让对方有一个好心情，在自己有问题时，他人也会来帮助自己。但要做到这一点，却并不那么容易。

首先，我们必须摆脱以自我为中心的观念。我们为人处世，最忌讳的一点就是事事只为自己想，永远不把别人的事当事。其实更多时候，我们要想和别人走得更近，就要从心底改变这种想法。

其次，我们要杜绝把利益渗透到人际关系中。现实中很多人无法做到换位思考的重要一点就是因为利益问题，其实我们不应该把个人利益放在第一位，人与人和睦相处才是更重要的。

4. 原则性太强的人，往往没人缘

我们常常能看到周围有这么一群人，他们的言谈举止充斥着"原则"，如坚持不变的时间观念、时刻遵守的制度设定等。他们浑身上下都是"原则"，那一刻，他们仿佛就是正义的化身。但很讽刺的是，现实中这些人的人缘往往很差，也经常把自己弄得狼狈不堪，然后不得不成天抱怨世道的不公。

由此可见，"原则性"太强，并不见得是一件好事。太多的原则，可能意味着一个人做事的灵活性较低，那些原则就像一条条铁链，将其束缚得死死的。我们也可以从另一个角度想，天底下哪有那么多的便利可以让你遵守所谓的"原则"。除此之外，最重要的一点是一个人如果原则性太强，他就会远离人群，因为他身边的人大多数不理解他，所以导致他最后越来越孤立。

所以，讲原则也不是越讲越好。一个人的原则太多，影响的不是一星半点；而且一个充满原则的人，表面看起来"铜墙铁壁、百毒不侵"，但实际上，他们的心就像玻璃一样，很容易受到伤害。不懂灵活变通的性格使他们受到质疑，从而使交际圈慢慢变小。

因此，在不妨碍遵守"大原则"的基础上，放弃一些"小原则"，达到求同存异，这样不仅事情会完成得很好，人缘也会变好。

小张和小康是同一届的毕业生，虽然两人性格差异很大，但彼此的关系不错，于是相约一起入职某家企业。由于二人的毕业成绩都不错，所以成功地进入了这家公司。

刚入职的他们，努力工作，彼此都不服对方。就这样没过多久，他们的才能就被领导发现了，正好此时人事处的主任下岗了，领导就决定从他们二人中选一个填补空缺。但是两人的才能都不错，该选哪个呢？领导陷入了纠结,这时一旁的秘书提醒他,可以看看其他职员们的意见啊,采取投票制,领导一听,觉得办法不错,于是就采纳了。

无记名投票结果很快就出来了,领导发现,绝大多数人都选小张,这令他很奇怪。于是他明察暗访,这才知道了真相。原来平时有人找小张办事的时候,小张都会灵活处理,比如公司制度要求用某个资料,但有其他同样可以证明的资料,而且大家也认同的,小张就会随机应变,大家也很愿意接近他。而小康恰恰相反,他刻板地守着公司的规则,很多同事找他办事,本来很简单的一件事,在他那里就耽搁了不少时间,所以大家都不喜欢他。

由此我们可以看出,原则确实应该是每个人应该遵守的,但原则性太强,其本身就会失去灵活性,变得死板、教条,最后导致人人都不喜欢自己,远离自己。所以现实中我们应该将原则性和灵活性有机地结合起来应用,在坚持大原则的基础上,灵活处理,所谓大事讲原则,小事讲方法。只有二者相辅相成,我们才能在生活、工作中被更多人欢迎,成为一个合格的交际者。

5. 让步:老实人常用的博弈筹码

在许多人眼中,人可以被分为两种,一种是聪明人,一种是老实人。所谓聪明人,大多数人会把他和一些利益联系起来,而老实人,在人们嘴中似乎永远是那个最吃亏的。其实,这一观点是错误的,聪明人固然有他的立足办法,但老实人同样有他的生存之道。

21世纪的今天,社会变化越来越快,使有些人跟不上脚步,很多老实人就此被淘汰掉了,老实、忠厚、朴实的优点也变得可有可无,而狡诈、机灵似乎在生活中占尽优势。但真正的老实人并不是所谓的愚笨,老实的本意并不是别人让你干什么就干什么,应该是在守住自己底线的前提下,循着自己的思想，坚持自己的观点，做有益于自己、有益于他人的事。学会灵活处事，但不为利益所动，不被金钱诱惑，就算做一些小小的让步，也是值得的，这就是真正的老实人无论在生活还是工作中常用的博弈筹码。

有人说：人善被人欺，马善被人骑。实际上，老实人的善良不等于懦弱，也不等于愚昧，很多时候，看似老实人很傻，易吃亏，但实质上他们并没有吃亏，简单的让步让他们收获了很多。他们不太计较得失，因为他们更懂得什么是生活、什么是快乐，所以他们可以获得更多的朋友。

小胡经人介绍第一次到城里打工，人生地不熟的，他只能直奔朋友介绍的包工头那里。很快，他找到了地方，并被安排住了下来，接下来的几天，他开始了打工生活。

小胡比较实在，包工头很快就发现了他这一特点，于是在以后的时间里，小胡总是被安排干一些很累、很苦的活儿，比如发料、挖路等。小胡看着别人干着很轻松的工作，还拿着同样的工钱，心里有点抵触，但是选择了让步。然而他不知道的是，不知不觉中，他的经验越来越丰富了。

某一次，他们承包了一段路，需要挖壕并在里面铺一些管道。很多工人早早地就去抢占地段。一些老滑头们先后挑了较低凹的地段，最后把一段凸出的高地留给了小胡。小胡没说什么，一铲子下去，这才知道，那些低凹的地方经过汽车长时间的碾压，变得很硬，而小胡负责的那一段，土层松软，结果可想而知，别人需要两天干的活儿，自己不到一天就完成了。有人看他完成了，叫他帮忙，小胡也没多想，就去帮忙了，事后，小胡竟然收获了所有工程队员的心。

总之，适当地让步并不是吃亏，这样不仅能获得丰富的经验，还能完善自己的交际圈，何乐而不为呢？现代社会都是围绕着自身的利益而你来我往的，人们心底深处最真挚的情感消失了，取而代之的是难以满足的贪婪。这就让许多老实人变得难以立足，但有人曾说：简单的让步能让老实人走得更远。所以，如果你性格老实，就要学会在生活的博弈中让步，这样你就会收获更多知识，而且你的人脉也会越来越广。

6. 对人太热情往往会适得其反

现实生活中，每个人每天都要接触各种各样的人，当我们取得成绩时，希望和别人分享，当我们苦闷不堪时，也希望能找个人倾诉，这便是所谓的交往。但人与人的交往并不是一定要毫无保留的，倘若你对一个人付出太多热情，那么结果反而不会是你想要的。

对于一个正常人来说，独立和付出都是基本需要，如果在人际关系中不能满足某种需要，那么双方关系维护起来就比较困难了。早在1974年，心理学家就提出一种理论：人与人之间交往的本质是一种社会交换，这种交换和市场上的商品交换所遵循的原则是一样的，即人们都希望在交往中得到的不少于付出的，如果得到的结果与之相反，那么有些人的心理就会失去平衡，所以在人际交往中往往要有所保留。

很多人初入社交圈容易犯一个错误，以为自己全心全意为对方办事，彼此的感情就会只增不减，他们都信奉一句话"好事做到底，送佛送到西"。其实，这句话未必在每个场合或者每个人的身上都适用。人不能一味地接受别人的帮助，因为那样心里会产生愧疚感，如果你一次性给予对方太多的热情，让对方感到无以为报，对方会因为感到不平衡而远离你，这样的话，你反而好心做了坏事。

"欢迎光临，请随便看看，有喜欢的可以试一下。"在逛商场的小胡只是在一家店门口驻足了几秒，就听到了导购员的招呼声，热情的声音让小胡有点招架不住，于是他就进店里看了看。"这几天正好是换季的时候，能买一两件打折的衣服也是不错的。"小胡心理盘算着。

走进店里，小胡本来只想安安静静地看一下，结果三四个导购员在一旁"帅哥、帅哥"地叫着,让小胡一下子难以接受。这还不算什么,当小胡一抬头,猛然看见前面有一件外套,无论从颜色还是款式看,就是自己喜欢的类型,就在他盯着那件衣服几秒以后,导购员眼疾手快,把衣服从衣架上取了下来。导购员询问了小胡穿的尺码,就让他穿着试一试。在此期间,导购员还不断地介绍这款衣服,并不时地夸赞小胡的气质好。

短短几分钟内,小胡就感到十分不适应,导购员的热情让他无所适从,于是他便立即走出了这家店。他前脚刚迈出这家店,后面的导购员热情不减,还在说着"欢迎下次再来"。

从案例中我们可以看出,与人交往,说话做事都要留有余地,不过分热情,这也许才是平衡人际关系的重要法则。所以,如果你想和别人维持一个良好的关系,那么不妨适当地给对方一个机会,让对方有所回报,否则你过度的付出换来的只能是一个个离开的背影。

7. 人际博弈的纳什均衡:社交的最佳距离

俗话说:"距离产生美。"不错,在日常生活中,我们都需要有自己的私人空间,这也就意味着自己要与别人保持一定的距离。这时有人可能会问:"一定距离这个概念太笼统了,具体多少才算合适呢?"在这里,我们可以拿社交距离为例。

在社交距离中,空间距离是最为典型且最为重要的。早就有科学研究表明,社交的最佳距离为 0.5 米到 1.5 米之间,表现为伸手可以握到对方的手,但不会轻易地接触到对方的身体。但是,如果双方有人不服从这样的规矩,那么彼此之间很可能遇到人际博弈中的"纳什均衡"。

何为"纳什均衡"呢?事实上,它指的是一种博弈:参与博弈的每个人都从利己的角度出发,选择对自己最有利的策略,而忽略其他参与者的利益,其结果可能全体都不能获得那个最大利益。简单来说,"纳什均衡"

也就是一种维持某种平衡的策略。而我们也可以看出，这种策略应用在人际交往中，也是十分恰当的。在双方或者多方交往时，如果某一方出现后退，或者贸然靠近，那么势必会让另一方或者几方产生不舒服的感觉，从而导致几方的关系破裂。

所以，在人们的交往中，只有遵守纳什均衡，才不至于让彼此陷入尴尬的境地，保持一定的距离，可以让人大致认识对方。但我们必须注意的一点是，人际交往的空间距离并不是一成不变的，它具有一定的弹性，这依赖于具体环境，比如社会地位、文化背景、性格特征等。

曾经有一位心理学家做过这样一个有趣的实验，在一家图书馆刚开门的那一刻，他就守候在门口等待着第一位读者来借阅。很快，就有一位年轻人来查阅资料。当那位年轻人刚坐下，这位心理学家也拿了一本书坐到了离他不远的地方，起初那位年轻人只是抬头看了他一眼，并没有什么其他反应。没过几分钟，这位心理学家起身又拿了另一本书，这一次他坐到了离那位年轻人更近的地方，并且试图和年轻人说几句话，但从眼神中可以看出，那位年轻人的感觉并不是很好。就这样，心理学家反复了几次，坐的位置离那位年轻人越来越近了，最后那位年轻人不得不起身离开。

同样的实验，他做了将近80次，结果证明，在只有一个人或者两个人的空旷图书馆里，没有一个人能忍受一个陌生人的靠近。这也直接证明了人际交往中的纳什均衡：保持一定的距离，对维护双方的关系有很大的好处。但社交中我们如何巧妙地做到与人保持距离呢？

首先，我们要做到彼此欣赏，互不干涉。当你遇到你喜欢的人，如同学、长辈、上司等，如果你想让双方的关系维持好，或者更进一步，一定要做到这一点，不要过多干涉对方的生活。

其次，要学会尊重隐私，礼貌对人。一定要注意保护彼此的隐私，隐私就是不希望别人踏进的地方，所以千万要保留一些空间。此外，还要礼貌对人，微笑着和别人相处。这样，你们之间的关系才会达到一个平衡。

第十三章
说服博弈术：让他不知不觉说"是"

不是东风压倒西风，就是西风压倒东风，你是一个被说服者，还是一个说服者，这完全取决于你的博弈水平。

1. 登门槛效应：让人不好拒绝的博弈艺术

我们身边总会有这样一种人：他总会选择恰当的时间和机会提出自己的意见和想法让人愿意接受，他懂得该在什么场合下提出要求从而满足自己的心理需求，他把自己想做的事情分为几小步，总是做好了一个又一个，从而达到自己的目标。

有一个职员想请几天假，经过自己的思考后走到领导的办公桌前。让人想不到的是，他并没有马上说出自己想要请假的要求，而是先对领导说："您今天心情怎么样？"领导回答道："我觉得心情还不错，请问你有什么事情？"职员笑着回答说："要是您觉得心情不错，我就有一件事情跟您说一下；如果您心情不好，我就换个时间告诉您。"领导对于他想说的话越发感兴趣。在他做好铺垫后，他想要的假就非常容易得到了。

这就是我们生活中常见的登门槛效应。那么到底什么是登门槛效应呢？就是人们常说的"得寸进尺效应"。当你先接受了别人小小的要求以后，当这个人再提出更大的其实你未必想答应的要求之后，你为了保持住自己的良好形象，就会答应他的要求。这种现象，就好像是登门槛，需要一步一步、一个台阶一个台阶地向上走，这样进入房间就会更加容易。美国的著名心理学家弗里德曼就做过关于"登门槛"现象的现场模拟试验。

在两个紧邻的居民区内，为了说服居民们同意在其房前放置一块"请您小心驾驶"的标志牌，心理学家让助理采用了两种不同的方法去劝服人们。第一种方法用在第一个居民区，即直接向居民们提出这个要求，结果可想而知，大多数居民对这种行为采取不支持的态度。然后，在第二个居民区内采取第二种方法，即实施两步走战略，先恳求居民在一份关于同意安全驾驶的请愿书上面写出自己的意见与想法；一个月后，再对居民提出在小区内放置安全标志牌的要求，没想到大多数居民竟然同意了他们的要求。在我们看来，是因为在提出自己的要求前，做了居民签订"安全驾驶请愿书"这个小小的铺垫，对于接下来人们同意放置标志牌起到了极其重要的作用。

在每个人的日常生活中也存在着很多"登门槛"现象，其实这是一种很重要的心理博弈艺术。如果运用恰当，那么对于我们说服别人接受自己的想法和意见将会起到事半功倍的作用。

比如，当你要别人答应你一件比较重大的事情时，你直接提出来可能他会拒绝。你若采取这种策略，先提出一个比较容易的与之相类似的小事情，然后逐步提出需要别人答应的重大事情，这样成功的可能性会比较大。如果你想让一个人帮你写一篇稿子时，你可以先把这件事情说得比较含糊，就说您能不能帮我一个小小的忙，这不会占用你很多时间，有了这样一个小台阶之后，别人就有可能更容易答应你了；假如你想邀请别人去吃饭，你可以说休息的时间快到了，我们出去散散步吧，这样走一小会儿就到了吃饭的时间，自然你就可以达到自己的目的。

然而，在我们运用"登门槛"这种策略时，也需要有善于洞察他人心理的能力，不仅需要在策略上下功夫，还需要把握对方的心理。除此之外，还要注意自己要有一种谦卑温和的态度。这样，经过一番迂回：先提出一个不损害对方丝毫利益的小要求，待对方接受之后再一步步加码，最后获得自己想要的结果。

2. 对方疲惫的时候，说服会更有效

为什么推销员会选择在下班前几分钟打电话进行销售？为什么服装店里面的衣服下午的销量远远超过了上午？为什么面试人员会觉得下午进行面试成功的可能性更大？

说服别人就是让别人改变自己原有的态度并接受新的观点。也可以这

样说，当别人精力比较充沛的时候就比较倾向于自己的观点；然而，在自己的意志力薄弱的时候，也就是疲劳的时候更容易接受别人的观点。

美国心理学家丹尼尔·吉尔伯特做了一项人的意志力强弱对于人的决定影响的研究，发现人在疲惫时，更容易被他人说服和欺骗。

我国古代著名的军事家孙子就曾经说过"知己知彼，百战不殆"的重要性，这个理论在我们生活当中同样适用。假如现在你想要说服别人，那就在你实施自己的影响力前，先了解下对方的相关情况，包括他的情绪、意志力和精神状态，这对于你的说服工作极其重要。又如富兰克林曾经说过：没有一双明亮的眼睛就不会看见远方，如果没有远见就不会有所作为。这就说明，我们只有在说服别人之前，先了解对方的状态才能对其施加有针对性的影响。

也许你有这样的经历，当你觉得肚子很饿时，你就不在乎自己吃的怎么样了，就算是一个馒头你也能吃得津津有味。同样，当对方的大脑处于混乱的状态时，你向他推荐产品，这样你成功的概率就很大。所以，如果你想让自己的话更具说服力，你可以在对手精疲力尽的时候出击。

这里有一个有趣的实验。科学家们为了证明精神疲劳会对人的决定产生重要的影响，就展开了一项特别的实验。研究人员选取了66名学生作为研究对象，希望这些学生接受把2个月的暑假减到1个月的提议。其中，选择33名学生直接进入实验，另一半的学生在听提议前要先完成一项烦琐的任务，那就是把自己对于学习、生活等许多方面的在脑子里曾经出现过的想法都写下来。据科学家们所说，做完这项任务将会消耗许多的脑细胞，人在这个时候最容易疲劳，大脑会处于一种混乱的状态。结果实验表明，大脑的精力被消耗的学生更容易接受把假期减半的提议。

这就说明，大脑在进行高速运转后就会出现脑疲劳的状况，出现懒惰并疏于工作的情况，这时人就会分不清真伪。然而在平时精力充沛的情况下，人会对一些重要信息进行检索以辨别其真伪。但是人在疲倦的时候，认知水平就会出现偏差。

奥巴马就利用了这一策略,他认为傍晚是最适合演讲的时候。在傍晚,大家工作了一天,身体有些疲倦,心情也有些烦躁,这时候听众的精神状态比较松弛,就会接受他的提议。

从中可以看出奥巴马善用博弈术解决一些政治问题和获得支持。往往人身心最放松的时候就是晚上,这时的戒备心和自控力降低,最容易说出内心真实的想法。

所以,当你想提出自己的想法或意见时,一定要把握好时机再表达,这样才更有可能达到自己的目标。

3. 精彩的故事比单调的理论更有说服力

无论你从事什么职业,是什么身份,都会有需要说服他人的时候。说服别人并不是一件容易的事情,一句话说得不当还可能会引起双方的矛盾。但是只要你找到正确的方法,说服别人将不是那么困难的事情。

对大多数人来说,讲故事并不陌生,可是对如何讲好一个故事却比较茫然。好的故事是有血有肉的,它能够触及你的灵魂深处,引起你的情感共鸣。这些技能,那些讲故事高手运用得非常熟练,他们能够使你不知不觉融入其中。

当你试图完成一件事情的时候,或者向别人介绍合作项目的时候,你可以讲一个合适的故事。一个恰当的故事能够帮助你达到事半功倍的效果,在听众与讲故事者之间架设一座无形的桥梁。在讲故事时,人的情感被激发出来,这样的故事就拥有了生命力。

尤其是在工作当中,当你遇到了一个理想的客户,在与之交谈的过程中,如果你只介绍产品的特点及优点,这样会使整个交流的过程变得非常枯燥,这样的讲述只会引起对方的反感,不利于你完成自己的预期目标。

在这个时候，为了让你们之间的交流更加融洽、更加自然，你不妨采取讲述经典成功案例的方法，也许会有助于增强你的说服力。现在很多人意识到讲述成功案例对于交流的重要性，它不但可以增强客户对产品的信任，而且还有利于活跃交流的气氛。因为大多数人都喜欢听生动的故事，这样不像听数据那样费脑。

小李是一位保险公司的理财员，她遇到了理想的客户并向他们推销理财产品的时候，就经常采用成功的实例来说服对方，并且屡试不爽。当她与新客户交谈的时候，就说："红双喜这种产品是一款非常好的理财产品，并且我们公司的内部人员都投资了。其中一位职工为今年刚刚出生的孩子准备了一份礼物，这份礼物就是经过他精心挑选的红双喜，它可以作为孩子以后的教育资金使用。您看一看，这是他的保单复印件。"就在这时，客户表现出了认同的样子，频频点头，开始认真倾听小李对产品红双喜的讲解，而且最终购买了该产品。

由此可见，就是这一个小小的真实的故事胜过了各种讨好的技巧。然而任何事情都有双面性，在我们具体运用的时候一定要谨慎，恰当地选择故事很有必要，什么样的故事才能达到扣人心弦、事半功倍的效果呢？我们需要把握下面两个原则：

（1）故事要简短有力，真实并且符合生活常理

这是你说服别人的最基本的原则。试想一下，如果你长篇大论、对故事任意夸大或者渲染，这样的谎言迟早会被拆穿，而你最终会失去他人的信任。

（2）故事要有启发性

有位著名的创作者曾经说过这样一句话：如果一本书你看了三分钟之后就不想再继续读下去，说明这本书对你不存在启发意义。换言之，如果一个故事在开头的几分钟里不能吸引你，那么它对你就不存在价值。只有一下子令你着迷的故事才能引起你情感的共鸣，才能激发你的情感，只有

具有启发性的故事才能达到与他人互动的效果,才会更有说服力。

4. 恐惧胁迫法:让人心甘情愿地服从

工作中,在与对手交锋时,适当地夸大自己的实力是一种赢家策略,虽然大多数人听到虚张声势一词时会把它打到贬义词的行列,会不自觉地排斥它。任何事情都是具有两面性的,有时候"虚张声势"会让对手产生一种畏惧心理,通过降低对方的自信心,从而赢得胜利。

李世民还是隋朝臣子的时候就利用了"虚张声势"之计,适当地夸大了自己的实力,让敌军产生了一种畏惧心理,确保了隋炀帝的安全。事情发生在隋炀帝巡游的时候,他在巡游江南之后,又想要去塞北游玩一趟。可是,隋炀帝这次不是悄悄地出去巡游,而是大张旗鼓,弄得整个塞北地区尽人皆知。这一举动早就吸引了突厥人的注意力,突厥人早就打起了大隋天下的主意,可是一直苦于没有恰当的时机,因而这次这么好的机会绝对不会放过。

于是,突厥人悄悄地调动了数十万的军队,正好可以把隋炀帝围困在雁门关内,好在隋炀帝的御林军常年打仗,都是军中精英,拼命护驾,敌军几次攻击都没有得手。后来,突厥人就把隋炀帝及其军队围困在城内,企图把他们饿死。隋炀帝的军队想方设法突围,选择了一位善骑的士兵偷偷溜出去送信请救兵。信被送到了当时太原留守李渊的手中。由于兵力悬殊,李渊一时也想不出好的办法去营救隋炀帝。正在他发愁之计,李渊之子李世民想出了个好主意。他说:"突厥把雁门关围得水泄不通,以为信送不出去,肯定不会来救兵营救隋炀帝。那咱们正好可以来个虚张声势,把队伍分成好多队,每一队可以多打几面旗帜,这样队伍就显得多而且长。然后大声击鼓进军,敌人看到咱们这样的声势,自然就被吓跑了。"结果可想而知,突厥可汗看到这样声势浩大望不到边的队伍,心生畏惧,就急忙撤兵逃走了。

李世民正是在了解敌人兵力的前提下,采用了虚张声势的策略,让敌人产生了畏惧心理,才成功地救出了隋炀帝。

然而,虚张声势吓退对手不是在任何时候都能使用的。只有在你具备一定实力的前提下才能发挥它应有的作用。在应聘工作时,你可以夸大自己的实力与能力,但是也要与自身的实际情况与现实的客观情况有一定的联系,一定不能凭空捏造,不着边际。

吴士宏应聘 IBM 的职位的时候就采用了这一策略,让主考官心甘情愿地选择了他。当时,面试官问她:"你能熟练地打字吗?"她自知自己对打字一无所知,但是她猜想打字在短时间内可以学会,通过细心观察发现面试间内没有存放打字机。因此,她在进行了一番心理预测后果断地说自己打字水平很高。这样,面试官才同意她进入公司。她在心里暗喜了一番后,就苦练打字,日夜练习,终于在上班前达到了公司在打字方面的基本要求。

现实表明,她在迅速地估测了面试官的要求后,以及确定自己有把握在短时间内练会打字的前提下,进行了虚张声势,让对方心悦诚服地选择了她。

5. 思路引导,潜移默化的说服法

为何卖衣服时销售人员总能用几句话就说服顾客买走衣服?为什么学校的社团接纳新成员时总会说出让你加入的多个理由?为什么金牌售楼中介总能顺利卖出房子?

如果你想成功地说服别人,那么就必须了解对方的实际需要,也就是他们想要什么,然后通过你的提问或者有说服力的语言引导对方做出决定或者改变。

说服不同于强行去灌输某种观点,而是通过语言技巧把你的观点渗透到对方的心里。看似不经意实则有意而为之的提问，能够让对方积极地思考自己要做某件事情的原因，从而主动去说服自己做出改变。通过思路引导，潜移默化地使人发生改变，这就是说服的艺术。

现实生活中，我们时常想劝导朋友或者家人，想劝他们戒酒、戒烟，甚至减肥，然而这并不是轻而易举的，这需要不断地去引导，而不是生硬地建议。只有当你向人们表明你讲的话对他们有某种意义时，他们才会对你的话感兴趣。

你身边的朋友小李过于肥胖，你要劝他去减肥，可是，以我们平时的聊天模式大概会怎样呢？

第一个问题：你好，小李，最近好像胖了吧，为什么不去锻炼一下身体呢？

"我也想过这个问题，可是我真的没有时间啊。"

第二个问题：其实跑步也花费不了太多的时间吧？

"我没有运动服啊！"

第三个问题："你在网上或者店里买一身衣服不就行了吗？"

"那好吧，你说的好像有道理，我再想一想吧。"

可想而知，小李一直抗拒运动，是因为他真的就不想运动吗？其实是因为说服者的提问方式出现了问题，总是让小李在想自己不去运动的原因，然而并没有达到劝小李去运动的效果，反而起到了负面作用。

其实，潜移默化的引导是一种极其重要的劝服本领，它会左右对方的思考方向。那么该怎样引导小李运动减肥呢？

你在和小李聊天时，千万别问他为什么这么胖却不去通过锻炼来减肥。但你可以问他为什么喜欢某种运动，这样他就会转换思路，诱导他把最近的担忧说出来——是因为自己变胖了想要减肥。这样他的思路就直接定位到你想要引导的方向了。这时候，你可以说，原来是这样，那么胖了点有必要这么在意吗？这种反其道而行之的方法可以让他主动思考胖了后该怎么办，会在无形中激发他去运动。

总而言之，在说服对方时，要根据对方的生活习惯、兴趣、爱好，要有意识地引导对方，并鼓励其给予回馈。说服者响应对方的反应，让说服成为一种互动。要明白强硬的灌输是不可取的，从侧面引导可能会达到意想不到的效果。

成功的说服者具有很强的引导力，能在了解对方需求的基础上，运用提问技巧来达到帮助对方改变的目的。

6. 直击痛点激起共鸣，唤醒他对你的认同

人和人之间总是存在着思想上的差异，把话说到他人的心坎上需要一定的语言功底。在与人交流的过程中，需要了解对方的兴趣和爱好，并能以此引起对方的谈话兴趣。找到双方都感兴趣的话题，是了解对方、与对方深度交往的前提。然而，保留自己内心最真实的想法也是很有必要的，等待时机，通过你们之间真诚的交流，让对方慢慢地了解你的想法、认同你的观点。

心理学家认为，心理共鸣就是运用心理中情感共鸣的原则，归纳出来的一种说服方法。无论是在生活中，还是在与人交往中，在面对不太熟悉的人时，运用此种方法是极其有效的。

在一所高中，有一个班级学生的成绩经常不理想，在全校同级排名中通常是倒数的，大多数老师认为这个班是没办法管理好的。然而，从外校调来的一位老师却改变了这个班的命运。在开学第一天，他不像其他老师一样带着一副无奈的面孔，只见他亲切地对同学们说："那些有关咱们班学生成绩差、无药可救的说法是没有道理的！你们看，咱们班的体育水平在全校可是数一数二的。"

这短短的几句话产生了深远的影响。同学们听到后开心了起来。然而

为什么这位新老师的几句话就能产生这样大的效果呢？就是因为他的话深入到了学生的心中，话语中充满了表扬和信任，并把自己和学生作为一个整体。通过一句句鼓励的话拉近了彼此的距离，让这些平时不受欢迎的学生感受到了家一般的温暖，使得他们产生了情感上的共鸣。

凡是见过美国总统西奥多·罗斯福的人，都为他渊博的知识感到惊叹。有一位曾经拜访过他的人写道：不管是什么身份的人拜访罗斯福的时候，总统都会选择恰当的话题与他们进行交谈。然而这位深受大家爱戴的总统是怎么做到的呢？罗斯福懂得与人交往的道理，选择别人感兴趣的并且与自己相关的话题，通过有针对性的交谈，与对方产生共鸣。

著名心理学家卡耐基曾说过："假如你想成为一个受大家欢迎的人，假如你想拥有好多好朋友，那就选择用热情去感染别人，选择直击对方心灵的方法与之交谈，这样才能接触到对方的内心。"

但是，要是你在与别人交谈的时候，关注点只放在自己的身上，丝毫不看对方的表情、动作，那么你就注定是一个孤独的人，没有人会走进你的内心深处。

每一个人都生活在一定的文化环境中，都具有鲜明的人格、心理特征。在与人交往时，离不开双方的沟通和交流。然而，沟通并不是自己一个人滔滔不绝地讲话，而是双方之间直击心灵的、趣味相投的交流，这需要我们在与人交流时，先了解对方的基本性格和心理特点。这样才能让别人了解并认同你的想法和观点。由此可见，产生心理共鸣在现实的沟通中是极其重要的。

第十四章
谈判博弈术：既不吃亏也不伤面子的智慧

在商业谈判的战场上，心理战术才是最高明的战术，掌握了心理博弈术，才能既不吃亏也不伤面子，才可能成为谈判赢家。

1. 沉默战术：有时候沉默比喋喋不休更有效

相信大家都听过这样一句话：沉默是金。在与人沟通时，沉默有时候是一种胜过言语力量的策略。在心理博弈中，沉默不只是简单地不说话，它是人为地具有一定指向性的沉默。

大家所熟知的虚张声势能够给人一种震慑，而沉默却是在无声之中产生一种力量。相信大家在看电影或者小说时体验过这样的场景：最让人感到震撼的时刻往往是那种寂静得没有一丝声响的时刻。有的时候，选择恰当的时刻保持沉默更能胜过千言万语的表达。

对于那些故意挑拨是非的人，对于那些颐指气使的人，对于那些飞扬跋扈的人，该如何对待呢？通过研究发现，对付这类人的有效方法就是不动声色、不予理会，这会比直接对抗更有力量。

在与别人接触时，适当地保持沉默也能够达到说服别人的效果。然而，沉默并不意味着懦弱，并不代表着认输。在谈判双方相互僵持的时候适当地沉默一会儿，可能会达到反败为胜的效果，因为你要是选择了沉默，对方只能选择先表达自己。选择沉默是需要一定勇气和魄力的，有些人就做不到沉默，认为沉默是不善言谈、不自信的表现，这样极其不利于谈判的顺利进行，或者说只能让自己甘拜下风，这需要在与对方的交谈中努力克服。

临床心理师柯书林每天都要倾听咨询者各种各样的心事，他就要先学会闭嘴、学会倾听。因为只有听别人说了，才能了解、确定对方的想法，从而更有利于接近对方、劝导对方。

在销售谈判中，沉默的效果会更加明显，销售中常见的一幕就是讨价还价。然而，你需要清楚的是，聪明的买家有时候不是真的不喜欢你的产品，而是在试探你降价的底线。遇到这样的情况，你要坚持下去，千万不要先露出自己的底牌。也许，在这种情况下，你若能再坚持一下，也就能赢得最后的胜利。

也许就在你想放弃时，对方就会忍不住先说出：你的最低价格到底是多少呢？这时候你就看到成功的曙光了，因为此时你能看出他们是想要这件产品的。这时候你要说出最低价吗？千万不要，原因在于当他们听到最低价时也不会马上购买这件产品。你最好的办法就是请买家说出一个自己的预期价格。他们要是还不说出自己的预期价格怎么办？你要妥协吗？这时候最好的办法就是闭口不言，保持沉默，逼迫对方继续发出声音。一旦对方说出了自己的底线，你就可以采取相应的对策了。

然而，保持恰当的沉默是需要艺术的，没有分寸、不分场合、没有计划和目的是万万不行的。

总而言之，在商业谈判的心理博弈中，若能变通思想、灵活运用沉默手段，则会达到以无声胜有声的效果。

2. 互惠原则：只做有价值的让步

有句话说得好，"滴水之恩，当涌泉相报"。对于那些曾经帮助过你的人，你总会想尽办法去报答别人对你的帮助。因为人和人的相处，有付出，也有收获，你不能总是得到别人的好处，却从来不表示你的感激。

在与任何人的接触中，这种心理现象都是存在的——如果别人帮助了你，你觉得要加倍对待帮助你的人。比如说，有人曾经把钱包丢失了，总会贴上广告说："如果您能提供重要的线索，必有重谢。"这是存在于陌生人之间的付出与回报。在亲戚朋友之间同样如此，如果有朋友请你吃饭了，那么下次你就该想办法去请对方出去玩儿，或者在对方过生日时送上精心挑选的礼物。这就是所谓的礼尚往来，这样的交往才能细水长流。

人们总是倾向于想尽各种办法，报答别人为你所做的一切。在心理学上这种现象被称作互惠原则。在商业谈判中较为常见的情况是，在你做出自己的让步时,也要让对方做出相应的让步,从而让自己的利益得到保障和满足。这种让步似乎更有利于让交易双方达到一种双赢的效果。在生活中、人际交往中、商业谈判中做出这种能使自己得到益处的退让是非常明智的。

例如,你在销售一种空气净化设备,你事先已经与一家公司达成一笔交易,按规定在本月 10 号发货。可是在 10 号的前一周,该公司的业务主任却与你商量:这款净化产品受到了顾客的好评,店里的产品库存明显不足,问能否提前一周发货。这时候,你可能会想,反正我们这里货源充足,什么时候发货对我们都没有损失,那你就会同意说:"如果您能提前一周把款汇给我,我们就可以提前给您发货了。"

可是事情真的是这样吗?这样你貌似没有得到多大的好处。此时,你就可以想想如何使用互惠心理策略。

你可以把自己的库存情况隐藏起来,让对方给予你相应的回报。你可以以商量的口气说:"如实告诉您,我现在还不能确定是否能够提前发货,但是我可以向上面提出申请。如果申请成功了,你会给我们什么回报呢?"

如果你以这样的方式回复对方,他们就有可能给出更好的条件。从博弈术的角度来看,这样处理就是成功地运用了互惠策略,可以让自己的让步得到该有的回报。

然而,在使用互惠原则进行谈判时,需要谈判者具有开阔的思路和广阔的视野,不要执着于谈论一个问题,要学会从整体着眼,分清楚主次,灵活地变换思路和想法,通过自己的让步来实现自己的利益最大化。

总而言之,无论是在日常工作,还是现实生活中,使用互惠心理策略需要选择恰当的时机,就是在自己对对方做出让步的时候,要表明自己的态度,说明自己的让步是主管部门允许的,需要费很大的力气才能申请下来,以此来说服对方珍惜自己做出的让步,劝服对方也要做出一些让步,让双方都得到好处,这样才能达到真正的互惠共赢。

3. 先露底牌的人，谈判时更容易输

买衣服时，当你先说出自己的心理价位，为什么卖主爽快地答应后你就会后悔？为什么当雇主让你提出自己心仪的工资后被拒绝的可能性会比较大？

问题的答案就是："在谈判中，先露出自己底牌的人更容易输。"确实是这样，无论是在商业谈判中，还是在人际交往中，你应该保留自己的底线。如果太早地告诉对方你的底线，那么对方就会处于优势地位。就像玩牌一样，一定要学会隐藏，这样就会让对手产生畏惧心理，不敢贸然行动。

其实，谈判的过程是买卖双方相互试探、相互吸引、相互妥协的过程。因而你要适当地隐藏自己的底牌。

张经理负责公司招聘方面的工作。曾经有一次他要面试一位工程师，然而即使是有经验的招聘者也会犯错误，那就是他过早地说出了公司可以给的最高薪资，却忘了了解对方对工资的心理预期。结果，在张经理觉得交流得很顺利的时候，那位工程师却说需要回去考虑考虑。而张经理为了等他的到来，放弃了其他人选。结果在那位工程师放弃后，该岗位迟迟没有合适的人员上岗。由此看出，在谈判中你需要注意的是不要过早地暴露自己的意图。

小张毕业后，来到一家公司应聘，通过与面试人员交谈，他对这份工作很满意，可当对方问：你的期望薪资是多少呢？小张不知道该不该把自己的期望薪资如实地说出来，他很希望得到这份工作，但是又怕期望薪资过高而被该公司放弃。经过思考，他说了 4000~5000 元这样一个期望范围。最后，小张没有被录用。

其实谈工资也是一种谈判，谁先说出底价谁就输了。钱当然越多越

好，但是到底说多少合适呢？其实，以谈判博弈论来讲，你可以变相地转移话题，比如说，在这里得到锻炼才是最重要的，工资不是最重要的。那么如果面试官还不罢休，硬要问一下具体想法是什么的时候，你可以说只要跟同行的工资相差不大就可以。这样一来，面试官会觉得你也在为公司着想，这样在你并没有透露底牌的情况下，为自己争取到了一个进入公司的机会。

在商业谈判中，给自己留底牌时需要注意的是，要有一颗冷静的心，不要急于求成，耐心等待时机，尽自己最大的努力让对方保持对你的需求和期待，不要一口回绝，也不要对对方暴露得太多。商业谈判，更是一场心理战争，你可以选择采用不同的方法迷惑对方，不要让他们猜出你的底牌是什么，这样既可以保全自己，又可以达到试探对方的目的。

4. 讨价还价的最后通牒

为什么在买衣服时经过讨价还价之后，你下最后通牒说"××元不卖的话我就走了"这样的话比较奏效？

这就是最后通牒策略，那究竟什么是最后通牒策略呢？它是指当谈判双方在某些问题上争论不休时，其中处于优势地位的一方向另一方提出交易的最后条件，让对方退让的谈判策略。

当著名的商人艾克卡新接手了濒临破产的克莱斯勒公司后，他想尽一切办法来挽救公司。经过反复思考后，他想出了以压低工人工资来降低生产成本的办法。他首先做出了表率，把高级职员包括自己的工资减少了10%。然后，他开始着手降低底层工人的工资，并毫不客气地对工会领导说："16美元一小时的工作会很多，但是20美元一小时的工作仅有咱们一家，希望你能明白。"但是工会领导觉得20美元太低，没有立刻答应艾克卡的要求。就这样，双方僵持了半年之久。然而，公司的运营情况越来越差，濒临倒闭的边缘。于是，艾克卡准备发出最后通牒。

在一个深冬的晚上，艾克卡决定与工会谈判委员会进行最后的谈判。在谈判时，他斩钉截铁地说："我给你们一个晚上的时间考虑，如果你们明天上午还是不能答应降低工资的要求，和公司一起共渡难关，那么，明天早上我就对外宣布公司破产，那时候你们连20美元一小时的工作都没有了。剩下的，你们就看着办吧！"最后，工会答应了艾克卡的要求。

为什么艾克卡敢于运用最后通牒策略呢？使用最后通牒策略又有哪些必要的前提条件呢？

最后通牒策略通常是以坚决的态度表现出来的，这时谈判者已尝试过其他策略但都没有奏效，最后通牒成了唯一可能迫使对方让步的办法。使用这种策略很大程度上能促使谈判成功，当然也可能直接导致谈判失败。通常来说，谈判双方都是带着自己的利益和要求来的，谁也不会轻易地浪费时间和力气空手而归。但是使用最后通牒策略时必须慎重，因为它会把对方逼到没有选择的地步，极有可能引起对方的拒绝。所以，在使用最后通牒策略之前必须满足以下条件：

第一，谈判者知道自己处在优势位置，其他的竞争者不如自己的条件优越，对方的不二人选就是自己。

第二，谈判者已经尝试过好多其他的方法，都不能迫使对方让步，最后通牒策略是唯一一个促使对方改变想法的办法。

第三，目前情况是对方已经把自己的条件降到了最低，对方已经无法承受失去这笔交易带来的损失。

然而，使用最后通牒策略是需要一定技巧的。为了使最后通牒策略取得成功，需要掌握以下技巧：

（1）选择恰当的时间和方式提出最后通牒

当对方在你身上有所投资，并消耗了一些时间、精力时。因为当对方"投资"到一定程度，会更难以抽身。

(2) 注意自己的言辞和语气

言辞太露锋芒，会让对方丧失自尊心，不利于谈判的进行。凡事都要留有余地，在下达最后通牒时语气平和，会让对方更容易接受。

(3) 要用真实的证据说话

在谈判中，可以举出自己不能接受的具体原因，这样对方会觉得你是有诚意的。

(4) 要注意留给对方考虑的时间

给对方留考虑的时间，显得你不是那么咄咄逼人，有助于让对方同意你的观点。

总而言之，最后通牒策略在谈判中是极为有效的策略，它可以给对方施加压力，击败对方的犹豫，打破对方的进一步索取。

5. 了解对手，才能更好地打败对手

有句话叫作"知己知彼，百战不殆"，这就是说在你足够了解对手的优势和劣势的情况下，才能打败对手。

英国哲学家培根在《谈判论》中指出："与人谋事，一定要知道这个人的性格，弄清楚这个人谈判的目的，这样才能劝导对方；你了解对手的弱点，才可以恐吓并劝其让步；与那种狡猾的人谈判，要记住他想要什么，这样才能把握住谈判的核心，寻找新的突破口。在进行任何的谈判时，不要妄想一蹴而就，只有通过一步步诱导才能顺利地谈成。"这就是说，在谈判中，对对手情况的了解程度决定了谈判是否能顺利进行下去。

在谈判中，如果你只是关注自己产品的特点、自己公司的运营情况，却不关注对方的情况，那么你就会陷入被动的地位，从而导致谈判的失败。因为你不了解对方的话，你便不知道对方的底牌。何时该出击？何时该退步？何时该反击？这些时机的选择和把握对于谈判来说是至关重要

第十四章
谈判博弈术：既不吃亏也不伤面子的智慧

的。这就需要了解对方谈判的目的、心里的底牌，了解对方公司的运营情况，了解整个行业的情况。除了这些，对谈判对手的了解也是至关重要的，你需要了解谈判对手的性格、生活习惯、宗教信仰，还有风俗文化。你掌握的资料和信息越多，越有胜利的把握。

一个合格的谈判者，在了解对手的一切信息，并认真想好对策之后，就会在谈判中做到审时度势、进退自如。

1999年10月，天津市第一机床厂王厂长在美国加州与美国卡莲达公司进行采购机床的谈判。谈判有条不紊地进行着，但是双方在谈到价格时产生了严重的分歧，导致谈判陷入了僵局，因为卡莲达公司一直想压低价格。

由于王厂长在谈判前就做好了充分的准备，对卡莲达公司进行了深入了解，打听到其公司与其他合作方签订的合同都已撤回，因为这其中涉及关税提高的问题。这时卡莲达公司货品明显不足，处于急需用货的状态。正是因为在谈判前搜集到了这样的信息，王厂长在谈判中沉着应对，没有答应对方一再压低价格的要求。终于与对方以相对较高的价格达成了相关协议，保证了机床厂的整体利益。

在广东召开的某次交易会上，日本松田公司需要采购广东外贸公司的一款发电设备。在第一轮的谈判中，日本公司故意减少采购的数量，当然这不利于广东公司赚取更大的利润。双方在这个问题上争执很大，但是广东外贸公司谈判代表孙经理了解到松田公司急需使用设备。由于掌握了这个信息，孙经理告诉对方：我方的货源不多，产品的需求很大，有好多商家等着与我们合作。就这样，日方不得已选择了让步，以高价格购买了大量的产品。

这些实例说明，在商业谈判中，虽然需要敏捷的思维、一流的口才，但是最重要、处于核心地位的是对对手的了解。只有在谈判前充分地了解对手的情况，掌握了充足的信息，才能够在谈判中处于优势地位，才能够赢得谈判的胜利。

6. 面子哲学：给对手面子就是给自己机会

在进行谈判时，谈判双方代表不同的利益，立场、观点都会产生分歧。但是在谈判中如果不给对方面子，对方肯定会生气，这对于双方来说都是没有好处的。

有一句俗语叫作"损人不利己"，这要求我们在谈判时顾及对方的面子。如果你想与人建立稳固长久的关系，你就需要保全别人的面子。在与客户谈判中，如果你只是表达对对方的不满，从来没有一丝一毫的肯定，那么势必会伤别人的自尊心。

在现实生活中，不会与亲人沟通，不保全对方的面子将会影响家庭和睦；在工作中，不会与领导沟通，不顾及对方的面子和身份会影响自己的工作前途；在人际交往中，不尊重别人，不保全对方的面子会影响以后的人际交往。

有一句话是"己所不欲，勿施于人"。假如你是一个爱面子的人，那么你就不要伤害别人的面子；你想得到尊重，就不要不尊重别人。由此可见，给人留足面子，也就是给自己留面子。

汤姆是单位电气部门的一位天才，他后来受到领导的重视并被任命为计算部门主管，却被发现办事情总是丢三落四。显然，这份工作他不能胜任。因为汤姆是一个非常敏感的人，公司领导为了不伤他的自尊心，为了留着这个鲜有的人才，就专门为他设立了一个新的部门：计算机工作室。其实，这个部门的工作和原来的性质是一样的。这样，汤姆就欣然接受了。领导的举措既保留了汤姆的面子也留住了这位人才，达到了一举两得的目的。

在谈判过程中，对方提出的意见就算你有一些是反对的，也不能说得太过于直接,要给对方留足面子。你首先要做的是营造一种和谐友好的沟通气氛,先从对方的合作态度上进行肯定,比如肯定对方的真诚、肯定对方的细心与精心准备、肯定对方认真负责的态度。然后你再委婉地指出对方的不足和提出改进意见。如果你直接指出对方的不足,那样就会让对方反感从而导致谈判终止。其实,只要多考虑几分钟,讲几句好听的话,为他人设身处地地想一下,就可以缓和许多不愉快的场面。

7. 微笑法则:谈判不成也能成为朋友

在工作中,也许你和好多客户谈判过,但是并不意味着每一次谈判都能够成功。然而,没有谈成就没有必要再联系了吗?

答案是否定的。在中国有一句古话"买卖不在仁义在",这就是说谈判不成也可以成为朋友,没有必要变成陌生人。营销是一门艺术,它需要一定的智慧和技巧。要想成为一个成功的有智慧的营销者,需要灵活转变自己的思路,也许暂时强攻不下,与其成为朋友后迂回包抄反而可能成功。这就是说,要想成功营销客户,首先要成为客户的朋友。

一次,领导决定与某个大型的烟草公司合作,小李是合作小组成员之一。这家公司是大多数企业都瞩目已久的,都希望与之达成合作。然而,小李与这家公司从来没有任何的往来,没有与之相关的人脉。小李来到公司进行首次拜访,但是意想不到的是该公司财务总监却以工作繁忙为由,并不给小李任何见面的机会。

被拒绝之后,小李并没有放弃,转而以宣传保险产品为由进行约见,可是每次在漫长等待之后,都没有见到该公司的财务总监。就在一次临近下班的时候,小李见到了财务总监,可是他还是不同意与小李的公司合作。这时,小李并没有继续聊工作,反而开始和财务总监聊家常。谈话中,财务总监谈起自己有一个上初三的儿子,由于工作的原因无暇照顾,导致孩子成绩差,再加上孩子性格有些叛逆,虽然请过许多的家教,但是成绩依然不见起色。眼看中考在即,他甚是着急。

聊到这里,小李想到自己作为北京师范大学的优等生,上学期间经常从事家教工作,心中便有了主意。于是,他主动请求给财务总监的孩子当家教。就这样,小李利用早上、中午、晚上等一切闲暇时间帮财务总监的孩子复习初中课程。孩子成绩一天比一天好,顺利考上了理想的高中。在这期间,小李和财务总监一家也成为朋友。财务总监看到孩子的成长和变化非常高兴。他说,从你的身上,我看到了执着和负责,我们公司愿意和你们合作。

这个事例说明,要想成为一名优秀的销售人员,不仅要熟知公司的业务,还要有开阔的眼界、渊博的知识。所以,只有你拥有广博的知识,微笑地面对自己的每一个顾客,通过真诚的了解、沟通,就会与各种各样的顾客找到共同的话题。随着时间的推移,顾客也能成为你的朋友。如果你和顾客成为好朋友,那么,恭喜你,业务合作也就成功了一大半。

那么,该如何与顾客成为朋友,并且保持这种朋友关系呢?需要把握住以下两点:

(1)摆正自己的态度,不要追求立竿见影的效果

任何谈判并不是一蹴而就的,它需要时间的加持。如果你一味地追求立竿见影的效果,那么你将很难开发出新的客户。所以,放平自己的心态,即使客户没有马上同意你的方案或者请求,你也不要气馁,也许他正在思考呢。

(2)要保持良好的态度,学会笑对他人

如果你在与客户交谈时面带微笑,可一旦遭到拒绝后就闷闷不乐,对客户爱答不理,那影响是极其恶劣的。记住,不管什么时候,要学会微笑,既然一次谈判没有成功,那就试着与之成为朋友后,然后再寻找机会与其讨论业务,这样会更有助于成功。

第十五章
合作博弈术：与其你死我活，不如握手言和

拼个你死我活的竞争时代已经过去了，与其两败俱伤，为什么不合作共赢呢？是时候学点合作博弈术了，只有这样才能在合作中为自己争取到最大的利益。

1. 与其彼此竞争，不如合作共赢

在职场中，竞争是极其激烈的。然而，竞争和合作并不是相互对立、相互排斥的。尤其是作为职场新人，不明白竞争与合作的关系，单方面地把竞争绝对化，将很难获得成功。

其实，合作和竞争是同等重要的，只有在合作中才能达到共赢。

那到底什么是合作呢？合作就是有分工、有配合，共同把事情做好。在职场中，无论你从事何种职业，在任何地方和任何地点，都离不开与他人的合作，因为许多事情都是通过人与人之间的合作才能完成的。

一家房地产公司新招聘了两名员工，分别是小马和小罗。小马以前在房地产公司上班，因为自己的口才一般，销售业绩上不去就辞去了工作。小罗以前是在汽车销售公司上班，口才突出，因为对汽车行业不感兴趣就辞去了工作。

这两个人同时进入该房地产公司后，由于对这里的环境都比较陌生，所以两个人能够相互沟通、相互支持。但是，他们两个人由于各自的缺点，工作业绩总是达不到理想的效果。后来两个人通过私下的交流和沟通发现，彼此可以互补，可以尝试着合作，这样也许可以改变目前糟糕的局面。

于是，两个人开始合作，并且制订了详细的方案。小马对房地产这一行业有经验，通晓房地产的业务知识，正好可以弥补小罗对这一行业一无所知的缺点；然而小罗的思路清晰，讲话有条理并且目的性强这一特点可以弥补小马口才不佳的缺点。两个人明确了分工后，便开始实施优势互补的"战略"，这样两个人的优点都得到了有效发挥。结果，通过两人半年的努力与配合，在业绩方面都取得了可人的成绩，这让领导和同事投来了赞赏的目光。

正因为小马和小罗的相互支持、相互合作才达到了双方利益的最大化。试想如果当初他们仅仅关注自己的利益，那么就无法享受现在合作带来的成功和喜悦。作为职场的一员需要注意的是，有些工作单靠一个人是无法完成的，需要大家的共同努力才能达到理想的效果。所以，在增强自身的竞争能力的同时，不要忽略了合作的重要性。

在现实生活中，有些人自我防御意识过强，总喜欢活在自己的小天地里，不会与人交流和合作，结果可想而知。小宋是一家化妆品公司的销售经理，她平时习惯独处，不习惯与人打交道，她讨厌与人交流自己的工作计划和方案，总以为自己的设计就是最好的。她的工作方式引起了大家的不满。最近，在一项重要的计划方案竞选中，小宋遭到了淘汰。她感到无比惊讶与愤怒，这对她来说也是一次教训。从此，她深深地意识到，工作中需要沟通和交流，只有合作才能达到共赢。

所以，在现实生活中，你要意识到自己不是独立的个体，而是集体中的一分子。在一家公司上班，应该学会与同事合作，通过共同协商找出最合适的方案。只有大家取长补短，才能达到共赢。只有学会与他人合作，才能取得更大的成功。

2. 谁耍小聪明，谁就会被伙伴抛弃

在进入公司工作的新职员中，一开始大家的起点都是一样的。然而在同样的起点下，几年后有些人已经做出了非凡的成就，晋升了职位，可是有些人还是在原地停滞不前。

这种差距的出现，除了个人的能力、机遇、悟性等方面不同外，与做人水平的高低和品行的好坏也有很大关系。

在团队中，你也许会发现有一些人看起来非常聪明，然而这种聪明并不是大智慧，而是小聪明。爱耍小聪明的人表面看起来能说会道、巧舌如

簧、善于奉承、随机应变，可是经常却表现出以自我为中心，处处为自己的利益着想，缺乏团队意识和集体精神，等待着他们的只能是被伙伴抛弃的下场。

自利达通信公司2012年成立以来，面试的员工达到50个左右，通过考核并顺利入职的有36个，分别分配在技术部、销售部、网络操作部工作。在试用期的3个月里，公司人事部王主任却辞退了销售部的小张和技术部的小刘。虽然这两个新人性格活泼、思维敏捷，但是可惜的是他们总是耍一些小聪明。王主任说："公司需要的是以公司团体利益为重的员工，并不是自作聪明、自以为是的人。"

原来，在小刘和小张这两个新人身上，有着同样的问题，那就是经常耍一些小聪明，不会顾全大局。技术员小刘是一个头脑灵活、表达能力强的人，但是要成为一名合格的技术人员，首先要做的是培养团队合作的精神。然而，在他刚进入公司的第一个星期里，就屡次与同事发生口角。他容易意气用事，时常不服从领导安排，而且总以为自己的能力超过别人，从来不把别人的意见和提议放在眼里，甚至还经常迟到早退。这样，他的工作从来没有在规定的时间内完成过。

作为销售人员的小张做事麻利，而且胆量很大。但是，自从小张来到公司后，就整天抱怨公司的规章制度不合理，抱怨自己的利益被别的同事抢去了。做工作时总是一副认真的样子，在老板面前兢兢业业，但是老板一走就开始玩手机。在团队合作中，总是不表达自己的意见，故意不完成自己该做的事情，反而让别人代做。

小刘和小张以为偷懒少做事情是聪明的，其实他们的表现每个人都看在眼里，只是大家都心照不宣而已。像这样的员工，工作能力并不差，但若总是想着耍一些小聪明，不按照公司的规定做事，迟早会被公司淘汰。

这个例子说明，在公司里，你的努力都是有目共睹的，如果你不勤恳做事，工作总是挑三拣四，是不会受到重用的。

无论是在企业工作，还是与人交往，厚道是必备的条件。厚道是一种为人处世的智慧，只有这样才能获得成功的机会。要小聪明是不可能进步的，一旦你被发现是一个爱偷懒、以自我为中心、不以大家利益为重的人，那么大家势必会远离你。

"聪明反被聪明误"说的就是这样的道理。所以，你一定要记住：只有努力，不断提高自己的能力，敢于付出，顾全大局才能获得成功。

3. 猎鹿博弈：实现利益最大化

古代的时候，人们以打猎为生，时间证明，两个人如果选择合作，一起去猎鹿得到的好处会比独自去多得多。简言之，猎鹿博弈，就是指双方合作有助于实现利益的最大化。

在人与人之间、企业与企业之间，总是存在着矛盾和分歧。但是，若能同时满足双方的利益，所谓的矛盾和冲突是可以化解和调和的。作为合作伙伴，如果各自只是追求自己想要的利益而不顾及对方的利益，势必会造成双方失和。只有站在对方的角度思考，才能达到双方利益的最大化。

通常情况下，没有事情是永远不变的，双方可能在某些事情上是对手。可是时间或某些条件发生变化后，对立双方会变成合作伙伴。

2006年，国美公司和格力公司存在着分歧，双方一度成为对手，因为它们在销售理念上存在着不同。但是两年过后，由于市场环境发生了明显的变化，格力公司与国美公司都认识到了友好合作的重要性，为了取得更大的利润和争取更大的市场份额，双方选择各退一步，在2008年3月20日签订了合作协议。

对此，当时格力的一位经理说："只要是能与我们达成共识的，有利于双方利益最大化的任何一个卖场，都能够与我们合作。所以，在与国美博弈的过程中，我们双方都本着实现共赢的目的，并不是只为了一方获得利益。"

这件事情说明,合作是建立在双方的利益基础之上的,最终的目的就是达到合作双方的共赢。猎鹿博弈启示我们,双赢是可能存在的,并且大家都可以通过双方的共同努力达到合作共赢。

在选择猎鹿博弈策略时,有以下几点是需要注意的:

(1) 考虑到对方的利益,达到双方利益最大化

职场中充满了竞争,但企业有时也需要转变思想,寻求合作共赢。

(2) 端正态度,对对方持信任的态度

无论是人与人之间的交往,还是企业与企业之间的往来,相互信任是最基本的。只有双方相互信任,没有猜忌,才能降低危机出现的可能性。在可利用资源有限的情况下,也许只有通力合作才能达到双方利益的最大化。

4. 取长补短法则:我们为什么要合作?

什么是团队呢?所谓的团队就是两个或者两个以上有共同的愿望或者原则,为了共同的目标而努力的互补技能成员组成的共同体。而团队合作的核心是取长补短,团结协作。

在同一个团体中,每个人的才能、资源不尽相同。在大多数情况下,只有用对方的优势来弥补自己的短处,分工合作才能达到团队的目的。

空中网的创办者杨宁在寻找自己的合作伙伴时,有一个标准,那就是互补,而不是与自己在同一方面同样优秀的,他认为可以弥补自己缺点的拍档才是最佳的搭档。后来,他找到了自己心仪的搭档周云帆,两人还被称为商业界的黄金搭档。

杨宁曾在接受采访时说:"当我们在一起面对重要选择的时候,我有时候会很冲动地做一些决定,周云帆却能够保持冷静,经过周密分析后才

做出自己的选择。这样才不会导致我轻率地做出不合理的决定。"

这是关于取长补短的最经典的案例之一,这个案例说明每个人的特点都不一样,只要大家团结合作,各自发挥自己的长处,就能够取得成功。

兰德是一个发明天才,他在哈佛大学上大学一年级的时候就不喜欢死学书本知识。他对化学和光学十分痴迷,经常逃课,穿梭于图书馆和实验室之间。经过几年的不断钻研,他发明了许多专利,却没有市场意识。然而,他的好朋友威尔怀特非常有经商头脑,经过好朋友的管理和推销,两个人共同创办了宝丽莱公司。经过多年的打拼,宝丽莱公司大获成功,并成为同类企业的一面旗帜。

显而易见,兰德和威尔怀特的成功就是他们各自充分发挥自己的特长,并通过互补与合作实现的。如果只有兰德的发明而没有威尔怀特的成功推销,那么他的发明就不会被大多数人使用。由此可见,在你选择合作伙伴时,只有选择互补的搭档才能达到最好的效果。所以说人才互补、团结协作是一个团队成功的前提,更是团队精神的核心,这种互补可以是学识,也可以是性格、资源上的互补。

在当今充满竞争的社会中,如果某个人只注重自己眼前的好处,只是为了谋求自己利益最大化,那样是不会成功的。一个团队只有团结一致,为了共同的目标而奋斗,互相取长补短,充分发挥成员各自的特长,相互帮助、相互支持,才能取得成功。

5. 团队合作中如何避免搭便车效应

在企业生产中,团队共同努力合作完成某个项目对于提高工作效率是非常重要的。但是在团队合作中每个人付出的时间和精力是不一样的,存在着"搭便车"现象。这种现象在生活中也是极其常见的,相信每个人都有过类似的经历。

那到底什么是搭便车呢？那就是在一个共同的利益群体中，某个成员为了这个群体的共同利益而付出的努力，有可能对集体内每个成员都有好处，但是成本由这个人承担。由此可以看出，团体内的成员只有每个人都努力才能获得最佳的团队效益。但是，如果大多数人付出较少，只有某个人付出较多，那么就会抑制成员努力的动力。

例如，某公司小张为了项目能够在规定的时间内顺利完成，每天都熬夜加班，其他成员都是按时上下班，最后这个项目在规定的时间内完成了，那么在这个项目中其他人就搭了便车。在一个小区里，某几个业主觉得小区的卫生状况较差，就抽时间去找物业公司谈判，最后通过他们几个人的努力，小区里的卫生状况得到改善，其他没有付诸努力但同样享受到干净的小区环境的业主就是搭便车。老师要求班级同学分小组完成一个论述题，然而在一个学习小组内，这个题目却是某个同学通过自己搜集材料，独立完成并以小组的名义交给老师的，那么组内其他人就是搭便车。

搭便车效应对于公司的长远发展是具有阻碍作用的。假如公司团队合作中出现了一个自己不努力，但还要分享大家努力成果的人，就会降低团队的整体效率，并且这种搭便车是容易相互传染的。这样享受搭便车的人由一个就变成若干个，不利于企业创新力的发展和凝聚力的形成。

在一家刚成立的公司内，其销售主管王经理为了增强团队的凝聚力，为了激发大家对工作的热情，就把销售部人员分为3个小组，为每个小组制订了销售计划。如果到月底核算时完成目标，就会奖励小组内每个成员500元；但是如果没有完成目标，小组内每个成员扣掉100元。

其实，王经理做出这样的决策，就是为了提高公司整体的销售业绩。出于对这个奖励的共同需求，大家都全力以赴，共同研究销售方案、销售技巧，及时做出反思与总结，分享销售经验，这对于公司的发展具有深远的意义，可以带来无法估量的经济效益。如果有一组的某个或某些成员不努力，那么慢慢地就会影响大家的工作热情与奋斗理想，最终会引起其他成员的不满，这样不利于销售部门的团结协作。

所以，从以上案例可以看出，搭便车行为是不利于企业的长远发展的。那么该如何抑制这种行为呢？

企业要取得最好的经济效益，必须对团队中的每一个成员都制定具体的工作任务、实施有针对性的奖惩措施。这样在工作中，每个成员的努力都与整个团队的利益息息相关，都有自己明确的工作方向。这样，就会避免个别成员搭便车，从而提高整体工作效率。

第十六章
制胜博弈术：胜利只属于满怀信心的人

胜利永远都不会属于那些整天自怨自艾的人，所以从今天起打起精神吧！当你满怀信心的时候，博弈自然就更容易取得胜利。

1. 杜根定律：满怀信心更容易取得胜利

所谓"世上本无事，庸人自扰之"。著名的思想家辛克莱说过："一个满怀信心和决心的人，要比一百万个谨小慎微和可敬的人强得多。"这句话讲的便是，一个人若想在博弈中笑到最后，自信是必不可少的。

什么是自信？实际上，在我们做事时要相信自己能把事情做好，也就是要有敢于战胜困难的无畏精神，这就是自信。自信是人生的一道亮丽的风景线，是一种风度，一种气质。

这个世界是平衡的，有自卑便有自信，有弱者便有强者，有失败便有胜利。据此，美国职业橄榄球联合会前主席杜根提出这样一个理论：强者未必是胜利者，而胜利迟早属于有信心的人。换句话说，一个人能胜任一件事情，百分之八十五取决于态度，百分之十五取决于智力，所以一个人的成败取决于他是否自信，假如这个人是自卑的，那么自卑便会扼杀他的聪明才智，消磨他的意志。心理学上把这一现象称作杜根定律。

仔细想想，的确如此，一个有信心的人，他可以创造出自己需要的一切；相反，倘若不自信，即使手握无数的财富，也有可能最终消散殆尽。信心可以战胜一切，信心带来胜利，某厂下岗职工 M 便是一个活生生的例子。

几天前，M 下岗了。离开了熟悉的车间，他问自己："人到中年了，还能干些什么？"没有高学历，年龄又偏大。走在繁华的大街上，看着人来人往，车水马龙，日光变成了霓虹，他才发现，现实很残酷，接近 40 岁的他想找份工作，简直比登天还难，甚至去小饭馆洗碗，老板都嫌他太老。

有一天，他呆坐在家中，摊开了当天的报纸，上面有一条招聘信息："本广告公司急招资深文案一名。待遇从优，工资面议。"他想了想，文案是什么，想来想去，觉得跟写作沾点关系，于是信心顿生。从他进厂工作时，他便开始了自己的创作生涯，车间每次的板报，都有他原创的文章，精致的剪贴本上都是他日积月累的作品。于是他下定决心去试一试。

第二天，他带上自己的剪贴本来应聘，主管接见了他。主管问 M 知道文案是什么吗？M 直言自己并不知道，但自己对这个工作感兴趣，还拿出了自己的剪贴本，主管见他如此自信，给了 M 一个广告命题，让他在第二天上交。

M 连夜查询了资料，经过仔细钻研，第二天他拿出了让主管十分满意的作品，就这样，他争取到了这家公司的文案工作。

由上述案例可知，自信是一种难以言传的力量，它能让我们乘风破浪，最终赢得胜利。当然自信不是自以为是，它是一种理智，是建立在魅力、智力、魄力之上的，就像 M 一样，带着满满的信心去达成目的，最终获得了成功。

那么在现实生活中，我们又该怎样提升自信心呢？其实，可以从以下两方面着手：

（1）心理暗示法。我们可以每天在入睡前或起床后，给自己大量的"夸奖"。也就是每天积累一点信心，时间久了以后，想必在做事前就会满怀信心。

（2）接触法。在生活中，我们可以尝试去接触一些自信的人，所谓"近朱者赤，近墨者黑"，长时间后，你一定能找到属于自己的信心。

2. 投其所好：价码够高，人人都能被收买

不知你是否也遇到过这种情况：当你兴致勃勃地跟别人讲某件事情时，对方并没有听你说，或者嘴里随便搪塞着，眼神却看着别处的风景。当你遇到这类情况时，请马上放下你的话题，寻找对方的兴趣点。

在日常交流中，我们与别人的谈话可以说是一出"攻心计"，每个人都有某方面的兴趣爱好。兴趣大致可以分成两种，一种是对有关系事物的兴趣，另一种则是对无关系事物的兴趣。这第一种讲的便是你与别人的共同兴趣，在与别人交流时，我们常常可以投其所好，利用这种共同兴趣爱好，来搭建彼此友好关系的桥梁。

然而，在现代职场中，我们想要成功，就得临时恶补有关对方兴趣的知识，先满足对方的需求，然后再达到自己的需求，依靠这种攻心术成功的例子数不胜数。换句话说，只要我们出的价码够高，人人都能被收买。

某公司的财政陷入了危机，急需一笔投资。小张是这家公司的"外交官"，一直负责对外合作的事宜，当然接触的大老板也很多，但那些人都是无利不起早的人，看着小张的公司即将破产，谁都没有伸出援手。一个月的时间过去了，几家有意向的公司最终也绝尘而去，此时小张的老板心急如焚，给小张下达了最后指令，半个月后，要是再找不到投资公司，就赶紧卷铺盖走人。

小张在公司已经干了好些年，业绩也不错。公司规模处于中上游，如今身处困境，是她无论如何都不能接受的。时间就像流水，很快就会消逝，她必须在最后期限前给自己一线光明。于是她准备孤注一掷，一口气收集了十几家公司的资料，逐个进行研究，这资料中也包括相关公司老板的兴趣爱好。一番研究下来，她注意到一家中型企业老板的业余爱好是钓鱼，他每每有空闲时间就去城郊钓鱼，但由于技术不佳好几次都失望而归。小张看到这里，兴奋不已，因为自己的父亲便是一位钓鱼迷，她跟父亲钓鱼所学的经验令她信心满满。

于是小张拿了一本钓鱼手册，花重金买了一根古董级鱼竿，来到了这家投资公司。

机会是留给有准备的人的，那位老板接待了她，小张于是以她三寸不烂之舌，外加一本书和一根钓鱼竿，成功地拿到了风投。

多数人都希望自己跟身边的人有许多的共同话题，如果老板喜欢钓鱼，而小张送来的是一根高尔夫球杆，那她成功的概率将大大下降。所以无论从何种角度出发，为了与别人的谈话更顺畅地进行下去，我们都应该积极寻找一些对方感兴趣的话题，然后慢慢地接近对方，最后成功俘获了对方的心。

这个时候就有人会问了，怎么样算投其所好呢？首先，我们要时常为对方着想，学会站在对方的角度思考问题。其次，要善于接受别人和自己，不时给予别人表扬，但要注意分寸，切忌一味地夸大。最后，就是要掌握谈话技巧，与别人交谈时，要不定时地反馈，在表达自己意思的同时，语言尽量简洁、幽默、平和。

在现实生活中，我们需要多进行实践，不断提升自己的修养，与此同时，更要投其所好，以收获更多的人心。

3. 撑死胆大的，饿死胆小的

在市场经济飞速发展的今天，挑战和机遇无处不在。改革开放几十年来，乘势而发的人每天都在增长。个中缘由是什么呢？中国有句古话：撑死胆大的，饿死胆小的。意思很简单，就是那些胆大敢为者，往往比别人挣得要多；没胆量，很可能因为错失良机，只能眼睁睁看着别人发达。

胆大，可能遇到风险，但最后的收获一定不菲；而胆小，没有风险，收获肯定也是一般般。换句话说，胆大的人剑走偏锋，很可能丧命，但也有可能险中求贵；而胆小的人则是走人人都走的大道，一生碌碌无为。所以说"撑死胆大的"。如果你是胆小者，虽然不一定会饿死，但注定不会获得大的成功，而事实也一再证明，成功永远属于胆大的人。

但问题来了，有胆就一定能成功吗？答案当然是否定的，"胆"有两层含义，其一是"胆大妄为"，一个人如果够胆，有足够的勇气，但置社会规范于不顾，为了争名夺利而使尽各种手段，尽管最后得到了令别人羡慕的成果，最终也不会有好结果。而"胆"的另一层含义则是"胆识"，某人若拥有一定胆识，所做之事，于己于社会都有好处，便一定会在市场经济的大潮中，发现机会，抓住机会，甚至可以创造机会，从而造就自己的伟业，成为时代的弄潮儿。

有一个人富甲一方，一天，有两个园艺师傅 A 和 B 找上门，讨教创业之道，两个师傅说："先生，您看您的事业蒸蒸日上，而我们却像树上的蝉一样，一辈子都停憩在树枝上，这样太没出息了，您看能不能教我们一些成功的诀窍。"富翁说："行，我看你们两个都比较适合园艺工作，正好我的工厂旁边有四万坪的空地，可以供你们种些花草，一株成花能卖多少钱？""四十元。"富翁说："这样吧，你们一个人两万坪的空地，我给你们每人提供一百万的成本和肥料费，之后的施肥和除草等由你们负责，这样差不多一年后，你们每个人可以收益五百万元，到时候你们一人分我一半即可。"

听到这里，A 产生了打退堂鼓的心理，对富翁说："别闹了，我可不敢做这么大的买卖。"于是留下一句谢谢便离开了，回去继续在自己的岗位上，按月拿工资。但 B 不同，B 仔细想了一下富翁的办法，脑海里有了一定的主意，便答应和富翁合作，于是一年后，B 完成了自己的工作，得到了该有的报酬。

由此观之，在这个复杂的社会中，我们总是要面对各种矛盾与问题，如何解决这些难题便成了我们每个人必上的一堂课。在这里，我们不得不再次提起之前说的"胆识"，所谓胆识，就是敢想别人不敢想，敢做别人不敢做。对于一个想完成某件事或者要成就一番事业的人来说，胆识起着决定性的作用。

撑死胆大的，饿死胆小的。从某种意义上说，风险就等于利润。整个市场风起云涌，想要成功，就必须与它进行一场博弈，值得冒险就冒险，一旦看准，就抓住商机，说不定下一个超级富翁就是你。

4. 不怕风险的人，才可能有高收益

有句话说得好：成功细中取，富贵险中求。意思就是，想成功，必须注意每一个细节，而想富贵，则常常要冒一定风险。

没错，如果想有高收益，不冒险显然是不可能的。先人一步，领先人一路，尤其对商人来说，抢占先机是成功的重中之重，因为谁抢到第一位，谁便有话语权，也可以在激烈的竞争中取得相当的优势。要先人一步，就要付出一定代价，这代价是什么呢？实际上，也就是我们所说的冒险。众所周知，大多数成功人士都是白手创业起家的，而创业本身就是一种冒险，如果你不敢承担风险，害怕失败，那么不好意思，成功将与你无缘。人生于世，很多事情都不一定成功，而冒险则是生命的一种常态。

任何新的事物都值得我们去尝试，有时候我们必须和自己的内心做斗争，在没有行动之前，不要给自己太多的心理负担，想太多是没用的，甚至是有害的。古人有言：不入虎穴，焉得虎子。不畏风险的人，才可能会有高收益，才可能在未来激烈的市场竞争中笑到最后。

李先生是千万创业者中的普通一员。某年，他在H市进行了市场调查后，决定投资一家中小型的保险公司，经过一些宣传，公司的收益还算不错。

但好景不长，H市发生了一场特大火灾，很多同行都乱了阵脚，认为自己这回可赔大了，于是纷纷低价转让了自己的股份。李先生稳坐在办公室中，经过一番仔细的考虑，决定走一步险棋，他买下了这家公司全部的股份，对火灾前投保的人进行了一一理赔。出人意料的是，他和这家公司的信誉突然增加了，尽管李先生把后期投保的资金提高了一倍，但好多人还是选择来他这里投保，李先生也因此发了大财。

"富贵险中求"这句话在李先生身上得到了验证。不错，好的机会往往伴随着巨大风险，"险"就是这么一个东西，看上去全是刺，接触起来却又是那么柔软，当然我们所说的"险"并不是毫无目的地去乱撞，而是有一定计划地迎接。只有这样，我们才能凭借自己薄弱的基础，在短暂的时间内迅速完成原始积累。

风险中蕴藏收益，这个道理相信谁都懂，但如何抓住机会，一举成功，这个难题不是每个人都能很好地解决的。在通往财富的路上布满了荆棘，稍不注意轻则遍体鳞伤，重则万劫不复，但神话与现实就在一念之间，纵观那些辉煌的成功，我们可以发现一个共同点，那就是敢于冒险。

长久以来，人们谈到冒险时，往往会表现得不屑一顾，并把它与赌博联系到一起。殊不知，冒险并不是逞一时之勇，而是一种积极进取的态度，更是一种有眼光、有目的的战略布局。

如果我们好好揣摩一下那些成功者的操作，就比如李先生的例子，我们会发现，他所参与的事情看上去很冒险，但实际上他看到了其中的巨大商机，在奋力一搏之后，最终脱颖而出。所以，我们要勇于冒险，乐于冒险，努力开拓，这样才能收获属于自己的成功。

5. 假装很优秀，才好与优秀的人交朋友

当我们打开微信朋友圈，大致可以看到两种人，一种是每天哀叹生活的不顺，抱怨这抱怨那，满满的负能量；而另一种则时不时分享一些新奇的东西，或者发些充满正能量的言语。两种人截然不同，带给我们的影响当然也恰恰相反。从心理学的角度讲，人的情感十分丰富，也很容易受到周围事物或人的影响，或许你并没有察觉，但是你正在潜移默化中改变着自己。

这是一个很可怕的事实，我们生活在一个实现自我、优胜劣汰的时

代，如果你的周围是一群不求上进，总期待天上掉馅饼的人，那么你的身心就会遭受到他们言语的摧残。而如果你还想活出自己，活出感动，活出精彩，那么你就要努力接近那些优秀的人。

与优秀的人为伍，在一种积极向上的氛围中提升自己，可优秀的人又不会凭空出现，即使出现了也不一定与我们交朋友，那么我们该怎么办呢？事实上，我们可以假装自己很优秀，以此来努力接近优秀的人，从而迈向成功。

小康与小周是一对形影不离的好朋友，他们从同一所二流大学毕业，准备找工作。现如今，工作难找那是有目共睹的，而他们两人同样也十分发愁，因为他们毕业时的成绩很不理想。

辗转徘徊了好长时间，终于在某天，两人发现了一家公司，待遇、休假各方面都不错。于是回家准备了一番便前去面试。很幸运的是，因为公司正在用人之际，便给了两人两个月的试用机会。

但是上班第一个月，两人的表现并不是很好，一方面是他们没有经验，另一方面则是他们的基础有点不扎实。于是两人有了相同的想法：接近老员工，向他们求教。

小康每天主动靠近老员工，无论是吃饭还是休息时间，他总是拼命地往老员工堆儿里挤，完全忽略了要同时提升自身的实力。一个月过去了，他的业绩还是平平无奇，不见上涨。而小周则不同，他首先调查了一番老员工们的特点，发现其中好多人都喜欢做笔记，于是他便决定重新拿起纸和笔。隔天，他的办公桌上赫然摆上了一本精致的笔记本，里面也记录了一些资料。路过的老员工看到了，心里不由得称赞，都愿意过来和他说说话。一个月后，他的业绩比刚来时增加了不止一倍，就连老板都点名夸奖了他。

不同的举动，换来的当然是不同的结果。不能说把人分为三六九等，但闻道有先后，术业有专攻，经验丰富者就是比我们要优秀，而有时候在我们一心想挤进优秀人的圈子时，野蛮入侵并不是一个合理的办法。这时，你不妨试着先向前迈一步，假装自己和对方一样优秀，你心中虽然没底，但是你要知道，对方一样不知道你的虚实，所以在一虚一实之间，你便默默地加入到了优秀者的行列。

那么问题又来了，怎么样才算是完美地"装扮"自己呢？

（1）话题牵引法

在与优秀的人交谈时，你往往会觉得自己搭不上话茬，这时，你便要尽量把话题牵引到自己擅长的一方面，然后凭借自己多年经验的积累，让对方感到你的底蕴其实还是挺丰厚的。

（2）价值展示法

你可以在工作中，替优秀的人完成一些琐碎的事情，让他明白，其实你也是有潜在价值的。

第十七章
情感博弈术：有时候，越亲近的人越危险

最危险、最不易察觉、最难于防范的伤害往往来自我们最亲密的人。与亲密的人在一起，运用一点博弈技巧，有助于我们尽情享受爱，同时又减少伤害。

1. 嫉妒效应：你有酸意，爱人才会觉得甜

很多人都有过这样的经历，看到自己朝夕相处的朋友或者爱人和别人在一旁聊得火热，把自己抛在一边时，心里就会莫名感到酸酸的，于是开始各种天马行空的猜测。其实都是因为爱，所以才会吃醋，如果彼此没有任何感情，那么对方再怎么样也是无所谓的。当然，我们也知道，聪明的人都应该在这个时候保持镇定，不能露出半点醋意。话虽这么说，但真正能做到的又有几个人呢？有谁可以在爱的天平上维持绝对的平衡呢？

很多心理学家分析，吃醋是一种嫉妒，而嫉妒是人的一种本能，是一种企图缩小和消除差距，维持自身发展的心理防御机制，是当别人在某方面超过自己，而自己的欲望不能得到满足时，所产生的企图破坏别人优越状态的情感活动。当我们产生嫉妒心理，心中的酸意表现出来时，它会传达给我们的爱人，让他觉得身处幸福中是一件多么甜美的事情。心理学家把这一现象称为嫉妒效应。

嫉妒可分为两种。一种是非理性嫉妒。一些人对感情产生某种不安时，就会采取一些极端的办法进行关系毁坏，而那些极端的办法并不会让问题得到解决，而会让事情往更坏的方向发展。而另一种是理性嫉妒。当你和某个人长时间维持一个很好的关系，可是某天那个人对旁人的关心超过了你，你就会担心你们俩之间的关系，从而产生一种合乎情理的嫉妒。在这里，我们要竭力制止第一种嫉妒的出现，合理看待第二种嫉妒。

W和R从小亲密无间，工作后，两人都在一家公司工作。两人曾经一起吃饭，一起逛街，一起疯，有什么心里话都能互相倾诉。然而就在前几天，C的突然出现打破了这一现状。

刚开始，W不是很在意，因为她也喜欢广交朋友，可是这样的朋友她真的不敢交，因为C给她带来了很多焦虑，从刚开始的三人行，到后来的

C 总是牵着 R 的手，两个人靠在一起，把 W 忽略了。后来，C 总是私下约 R 一起去学习，一起吃早餐，完全把 W 排除在外了。再后来，即使三个人走着，C 总是会突然拉着 R 去看热闹，等 W 回过神来，发现就剩自己了。

W 于是产生了浓浓的醋意，在两人面前总是表现出不满的情绪，一段时间以后，R 有一次主动找她一起吃早饭，W 婉拒。这时 R 才醒悟过来，原来空气中一直弥漫着浓浓的醋意，甜甜的幸福感在 R 心中油然而生。一番推心置腹的交谈后，W 才知道，C 身体一直不好，最近出国治病了，R 只是想在 C 恢复的这段时间多给她一些关心。谈过心后，两个人又开始了每天一起吃饭、工作、逛街的生活。

其实，友情也好，爱情也罢，在这方面我们都有较强的占有欲。所以，当对方有了新朋友的时候，我们会感到不安，会产生一丝嫉妒，而这个时候，若对方察觉到了浓浓的醋意，就会给予回应，双方的好感就会这么一直持续下去。仔细想想，这嫉妒也是一件好事，至少它可以证明对方在自己的心里其实是占有很重要的位置的。

所以，请好好珍惜你身边的人，因为他们的出现，让你知道了原来爱与被爱都是一种甜甜的感觉。

2. 无原则迎合，只会让关系越来越疏远

早在春秋时期，孔子就说："君子和而不同，小人同而不和。"所谓"和而不同"就是与持不同意见的人相互切磋，和睦相处，并能提出不同意见，使决策更加完善。反观"同而不和"则是指表面极力迎合，不表示不同意见，背后却排斥挤对。这句话告诉我们，君子为人处世应该有自己的原则，因为无原则的迎合是小人才有的行径。

什么是原则呢？有人认为它是人生的成功之道，是做事的一种法则，做人的基本准则。当有人说你做事很有原则时，那么恭喜你，你受到了很

高的评价。说白了，原则就是坚持自己认为是对的，摒弃自己觉得是错误的。而我们做人做事往往会在原则的边缘上徘徊，这时我们一旦选择错误，小则众叛亲离，重则锒铛入狱。

这样看来，坚持原则的积极作用极为明显。但在工作和生活中，总有那么一部分人会选择突破自己的底线来恭维别人。

小陈和小楚分别是两家公司总经理的秘书，虽然这两家公司都进行皮鞋贸易，是竞争对手，但私底下，这两人是无话不说的好朋友。

一次闲聊时，小陈说自己心情不好，因为自己的公司最近生意不是很好，总经理急得像热锅上的蚂蚁，经常把气撒到她的身上。小楚说："不要太在意，我们做秘书的就是这样的命。我们公司倒是不错，今天早上我们总经理刚签了一份合作意向书，有上千万元，如果这笔买卖成功了，我们就会有近百万的利润。"说完便沉浸在喜悦中。这时，小陈开口询问细节，小楚刚开始有点顾虑，但是由于多年的交情让她难以拒绝，多少向小陈透露了一点机密。

过了几天，小楚跟着总经理前去签订合约，在约定地点等了好长时间，都没见到对方的影子。后来，对方打来一个电话说，他们已经和小陈所在的公司签订了合约，因为那个公司产品的价格低了百分之十。

小楚公司的员工知道这个消息后都非常沮丧，小楚更是懊悔无比，她后悔没有及时提醒总经理，也怪自己没有及时关注对方的动向。但最令她不解的是，为什么小陈的公司会抢走他们的生意？后来，她仔细想了一下，才发现，原来全怪自己的一张嘴。再后来，她选择与小陈绝交。

通过这个案例，我们可以看到两点：第一，无论是生活中，还是工作中，我们都应该坚守住自己的底线。第二，我们做事如果没有原则地迎合别人，只会导致彼此的关系越来越远。

那么在现实生活中我们该怎样避免最坏情况发生呢？首先，我们要明辨是非。其次，要把握好度。只有这样，我们的生活圈才会越来越大，关系网才会越来越密。

3. 相亲时绝对不能做的事

当都市的喧闹在夜幕中沉寂，依旧单身的你可能会有难以忍受的孤寂感。这时，最着急的不是我们，而是那些永远觉得我们长不大的家长，在责任感和使命感的召唤下，他们绞尽脑汁，想尽一切办法，然后各种各样的相亲活动便像雨滴一样朝我们袭来。

相亲，是中国最传统、最快捷的寻求伴侣的方法。相亲的双方，大多都是晚婚的青年，在中间人的介绍下，他们先互相了解一下对方的情况，然后在某个合适的场合，见上一面，若双方都满意，就开始约会，培养感情，最后步入婚姻的殿堂。尽管现在已经21世纪了，但是这种方式历久弥新。

现如今，相亲的形式有多种，除了民间的相亲方式，在宽大明亮的大舞台上，相亲以综艺的形式出现。形式不同，但体现的一个"缘"字是多少人梦寐以求的。

有人说，相亲就是一场赌局，博弈的两方都在考虑怎样让自己赢得多一些。这时，男女双方在见面前就必须有一个完美的策略。要想在这场博弈中抱得美人帅哥归，除了要精心捯饬自己外，还要了解哪些事情能做，哪些事情是一定要避免的。

小刘是一个都市大龄男青年，在父母的催促下，被逼无奈把自个儿的信息和要求都投到了婚介公司。经过几天的等待，婚介公司给他打了电话，告诉他有一位姑娘符合他的条件，并发了照片，可以的话就相约见一面。小刘看了一眼照片，觉得还不错，就让婚介公司帮忙订一家不错的餐厅。

约会当天，小刘竟然迟到了十几分钟，在不远处，他就看到了女方在那边优雅地坐着。这时，他赶忙过去连声道歉，撒谎说自己在外地有生意，刚刚赶回来。对方笑了笑，算是原谅他了，不过当时的气氛确实有点微妙的变化。两人好不容易都坐下了，小刘找了菜单过来，让对方先点，女方随便点了几个便推过来让他也看看，小刘一看上面的价格，脸上有点挂不住了，于是他强装镇定，点了几个比较便宜的菜。

接着就是沉默，场面当时有点尴尬，小刘率先开了口，开始讲起了自己的兴趣爱好，他说自己是个比较传统的男人，不喜欢现在很多年轻人的言行，自己唯一的爱好便是看书。一开始，对方听着还挺有感觉，慢慢地，小刘讲到了自己的前任女朋友，他说她是个很好的女孩，自己很后悔把这段感情弄丢了。在对方犹疑的眼神中，一场相亲就这样结束了，而事后对方再也没有联系过小刘。

分析小刘相亲失败的原因，便可以发现，在相亲时他没有注意以下几点：

第一，不能迟到。等待是每个约会先到的人最讨厌的事，每个人都不希望自己坐在那白白浪费时间。

第二，不能在乎金钱。当然，这里并不是指随意挥霍。约会中，一般人都不希望对方是个斤斤计较的人，做人慷慨大方又不失风度才会招人喜欢。

第三，不能谈前任。相亲的双方可能都谈过恋爱，但两人都是抱着结婚的目的去的，即使你心中还有放不下，千万不要在相亲时提及，以免引起对方反感。

其实，在相亲中还有很多需要注意的地方，比如不能频繁地去卫生间，不能一直无言地微笑，不能一成不变地谈天气等。只有注意到这些，你才能在相亲中占尽优势，从而一举成功。

4. 得之不易的爱人，才会倍加珍惜

佛说：前世的五百次回眸才换来今生的擦肩而过。不错，偌大的世界，幸福不会时时都等着你，爱你的人和你爱的人也不可能随时出现。当然正是因为这样，爱情才是人人都向往和追求的。

茫茫人海中，两个人能走到一起实属不易。有关研究表明，地球上两个人相遇的概率是千万分之一，成为朋友的可能性是两亿分之一，一个人要爱上另一个人的概率则是五亿分之一，而最终能成为伴侣的概率仅是十五亿分之一。看到这样的数据，不知你有什么感想，至少我们的爱人得之不易，该倍加珍惜才是。

但现实中的我们又是怎样做的呢？快节奏的社会生活中，造就了爱情的便利性，使得现代人留不住情感。因为什么都太快了，不管身处异乡或分隔两地，两人随时打个电话、通个微信就能掌握彼此的行踪或者心情，爱情来得太容易了，也就不会被人们珍惜了。

其实，我们每个人都有一个固有思维：能随手得到的，往往是最便宜的、最没用的；而只有我们经历了千难万阻得到的，才会觉得宝贵和值得呵护。

小杜因为繁忙的工作而耽误了寻找另一半，直到某一次他在工作上遇到了很大的困难，才突然想到一直以来都是自己一个人在奋斗，孤独让他想找一个人来诉说。虽然自己颜值不低，人缘也还可以，但说起谈恋爱、结婚，他真的很谨慎，因为他是那种宁缺毋滥的人。这天，公司新来了一位女同事小楚，小杜对她一见钟情，他的内心泛起了波澜，由于经验不足，才见了第一面就表白了，结果直接被拒绝了。

小杜心里真的喜欢小楚，每当刮风下雨，他都担心小楚被淋湿，都会提前给小楚发短信，可是人家都不回复他。每次约小楚出去玩，也都会被

拒绝；但是约她和她的朋友一起出来玩，她就会答应，所以好几次，小杜都请好多人一起吃饭，一起唱歌。

后来有一次，小楚的脚扭伤了，他一大早就跑去医院买了最好的治瘀伤的药，坚持让她收下了。陪伴是最好的告白，日子一天天地过去了，小杜对小楚的关心无微不至，终于打动了小楚的心，两人走到了一起。

经过磨砺的珍珠，总是最闪亮的；费尽心血写的书，总是最好看的；得之不易的爱人，总是最值得珍惜的。在爱情里，每个人的情况都不一样，我们要知道，对方毕竟是穿越千万人来拥抱你的，或许某些方面与你想象的并不完全吻合。所以在长期的磨合中，如果我们各自鲜明的个性触痛对方，要学会用理解和包容来回答这份来之不易的感情。

所以，若你爱上一个人，要了解，也要开解；要道歉，也要道谢；要认错，也要改错；要体贴，也要体谅；要接受，而不是忍受；要宽容，而不是纵容；要支持，而不是支配；要慰问，而不是质问；要倾诉，而不是控诉；要难忘，而不是遗忘；要交流，而不是交代。爱情来之不易，且行且珍惜。

5. 爱得有多深，伤得就会有多惨

爱是什么？字典里的释义：对人或事物有深厚真挚的感情。其实，爱就是一种依靠，一种精神或者物质上的依靠，一种人人都想要的依靠。在爱的过程中，也许一切都是甜蜜的，但甜蜜过后，伤痛也会悄悄降临，当爱变成伤，一切都会改变。

有人说爱有多深，情就有多浓，因为爱的深度就是情的浓度的铺垫与基础。也有人说爱有多深，伤就有多痛，因为一旦一方不爱了，就给对方带来巨大的伤害。其实，这两种说法都有道理，因为爱本身就是一个难以捉摸的东西，每个人在追求爱的路上的处境不同，得出的结论自然不同。

第十七章
情感博弈术：有时候，越亲近的人越危险

茫茫人海，两个人相遇只要一秒钟，然后心灵相撞，走向爱情，这是一种什么样的缘分？在那一刹那，世界都变了，变得温馨，变得灿烂，就连微风拂过脸庞都像爱人嘴中呼出的甜美气息，两人目光对视的时候，世界都会变得安静，只剩下一颗心扑通扑通地狂跳。

只不过后来，当两个人有了分歧，就开始各种吵架，人在生气时最容易做出人生中最错误的决定，但尽管只是一时的气话，对方听了，还是会听在耳中，放在心里。随后一把利斧就会把曾经美好的梦境砸碎，只剩下一颗心在滴答滴答地流血。

爱得越深，伤得自然也就越重。很多表面看似热烈的爱，其实背后都暗藏着伤痛，因为在爱中，两个人都是敏感的。当对方和除自己以外的异性接触时，一个动作，一个表情，甚至一句话，都会引来一场恶战。据有关专家分析，男女大脑的结构不同，男人注重理性思维，而女人则注重感性思维，所以问题就出现了，面对同一种情况，两种人的思考方向不同，得出的结果不同，最后处理的办法也有偏差，以至于原本好好的爱，变成了不能言语的伤。

X 和 Y 是两个普通人，因为一次工作上的接触，两人暗生情愫，最后坠入了爱河。开始的时候，两人一起吃饭，一起散步，非常浪漫。两个人都深深爱着对方，甚至把对方当成自己，一日不见如隔三秋。

激情退去后只剩平淡。直到有一天，X 看到 Y 和另一名异性走在一起，似乎很亲密的样子，他开始假装很不在意，但其实自己平静的心早就泛起了一丝波澜。于是在某天回家的时候，X 便对 Y 展开了询问，但是接下来竟是一场吵架，接下来的几天是冷战，再然后 Y 提出了分手，还在气头上的 X 当场便答应了。

分开以后，两人形同陌路，在很长一段时间内，整个世界的重量似乎都压在他们自己身上。当爱转化为痛的那一刻，就连空气都变得凝滞。

为什么会有这样的结果？说到底，深爱你的人，是最在乎你的人，在乎你的喜，在乎你的忧，当然也会在乎你对他的伤害。伤害了深爱你的人，他的心就会掉进冰窟，留下一脸的憔悴和满心的无奈。这里的爱不仅仅指爱情，在亲情或友情中，爱与痛也是成正比的，所以在爱中，千万不要让爱你的人受伤，因为爱得越深，伤得会越惨。

6. 心理拉锯战：小心爱人的情感勒索

"如果你不按我说的做，有你好看的。"生活中，我们常常会遇到这种情况，而传递这种信息给我们的，往往是我们身边最亲近的人。他们可能是父母，可能是上司，也有可能是同事，他们利用你的恐惧、责任感和愧疚心理操控着你的生活，并与你展开了一场心理拉锯战。

对此，心理学家苏珊·福沃德结合自己20多年的心理治疗经验，提出了情感勒索理论，再一次引发了我们的关注。

何为情感勒索？生活中某人以感情胁迫另一个人来体会自己的感受，满足强烈的情感要求，于是在双方关系中就产生了情感敲诈——对对方进行抱怨，并希望在对方身上找到安慰感，进而控制那个人，以这种办法来持续满足自己的情感需要。这就是所谓的情感勒索。

在亲密关系中，各种情感勒索随处可见：分手后，痴情的女子受不了，以死要挟，希望可以让对方回心转意；结婚后，老公对老婆在外面的工作很不放心，大男子主义发作，要求老婆天天坐在家中，哪儿都不许去，于是老婆成了被"囚禁"的一方；老公出轨后，老婆一辈子都忘不了，每次吵架的时候，都会搬出来作为最后的王牌，让"一失足成千古恨"的老公服从她的命令。

情感勒索让爱变了质，让某一方深深地陷在了里面，而小红就不幸遇到了这种情况。小红是一名刚开始工作的小姑娘，每个月的工资不是很多，只有很少的一部分可以存起来，而很不幸的是小红的弟弟是个赌鬼，背着许多外债却依然不肯戒赌。

这天,弟弟又向小红张嘴要钱了,小红已经多次帮弟弟还债,而他似乎没有一点回归正道的打算,这令小红很难过。经过一番考虑后,小红决定这次先拒绝给他还款,并要介绍一份工作给他,弟弟听了,非但不高兴,还破口大骂,转身离去了。

晚上的时候,小红接到了母亲的电话。电话里,母亲告诉小红,说小红的弟弟回老家借钱,而母亲决定给他。小红这时候又心软了,想着自己年迈的母亲还指望着那点积蓄养老呢,怎么可以拿出来替弟弟还债。最后,迫不得已,小红只好再一次借钱给弟弟。

这是一个任何人都不愿意接受的结果,但生活总是存在这样的问题,情感勒索如此毒害他人,给被勒索者带来了难言的痛苦。那么,我们该如何从情感勒索中解脱出来呢?这里有两条路径,大家不妨试一试:

(1)行为路径

现实中,我们可以通过学习一些沟通技巧,来拉远与勒索者的距离,与勒索者形成一种健康的关系。例如,我们可以学习非防御性沟通。

(2)情绪路径

在不得已的时候,我们可以花费更多的时间来改变我们的内心世界,比如切断联系、改变信仰等。

7. 管家婆法则:管得多不见得是件好事

每个人的周围都有一个隐形的圈,这个圈是不想别人涉及的,无论是父母、朋友抑或爱人。因为这个圈是我们最后可以自由畅想的地方,而现实生活中,我们的这个圈常常被别人有意无意地踏进。

"我管你是因为我爱你。"很多人打着这样的旗帜,对另一方施加所谓的爱。相信我们身边也不缺这样的人,尤其在爱情方面,许多女性喜欢把自己的老公管得死死的，自以为这样是对对方特殊的爱和照顾，还可以防止对方出轨。其实不然，这样反而会伤害对方的自尊心，给对方带来很大的压力。据此，网络上还流行一个很有趣的词，叫妻管严。

在爱情里，如果有人长期处于支配的地位，那么这种爱注定不会长久的，因为一方在短期内对另一方指手画脚或许没问题，因为爱是可以短期包容的，但人都有底线，长期下去，很容易引起对方的不满，最后导致爱情水晶破碎。由此看来，管得太多未必是件好事。

小杨与小静是通过别人介绍认识并走到一起的，小杨长得很帅，平时就有很多迷妹围在身边，即使他和小静恋爱了，依然有很多人对他示爱。这是小静万万不能忍的，于是她便要求小杨与其结婚，但小杨觉得目前自己的工作还没着落，收入不稳定，就答应小静说找到工作后就结婚，小静也同意了。

没多久，小杨就找到了工作，然后两人顺理成章地结婚了。小杨本以为这下可以让小静安心了，可是事情并不像他想的那么简单。结婚后，小静开始管东管西。今天担心他会出轨，有婚外情；明天要求他必须穿什么衣服出门，回家要做什么，甚至连工作的文件放在哪里都要管。

渐渐地，小杨开始觉得小静的行为是对自己的不信任，甚至是不尊重，而不是关心。于是，小杨找了个机会和小静好好谈了一番，结果出乎意料，小静哭哭啼啼地说小杨不爱她了。不久，小杨实在不堪重负，就提出了离婚，而小静也答应了，两人的感情走到了尽头。

由此观之，想要有段好的恋情，有一个好的婚姻，就不能过多地干涉对方，多给对方一点时间和空间，这样不仅会让对方感到快乐，也会让爱情和婚姻更加美满。

说时容易做时难，很多人此刻应该都在苦恼如何才能处理好与"管家婆"的关系。怎样才能让对方给自己真正自由的空间呢？

（1）学会沟通与尊重

人与人交往，沟通十分重要，尤其是夫妻双方，以正确的沟通方式交流特别重要。在现实生活中，我们应该学会在正确的时间和地点与爱人进行交谈，这个时候，尊重就显出重要性了。

（2）保持适当的距离

很多人认为，既然结婚了，两个人之间就不该有任何秘密。其实不然，俗话说，距离产生美，夫妻之间尊重对方隐私，有助于建立健康的夫妻关系。

8. 不要忽略情感上的蝴蝶效应

南美洲热带雨林中的一只蝴蝶，偶尔扇动了几下翅膀，就可以在两周后引起美国得克萨斯州的一场龙卷风。这便是所谓的蝴蝶效应，气象学家因推测天气而发现的这一效应，用在人类难以捉摸的情感世界上也是极为合适的。

生活中有太多的未知，比如刚好你摔倒的地方就有一颗钉子，就是那样不偏不倚地把你扎了一下，于是你开始烦恼起来，这种情绪一旦产生，似乎就有一种神奇的力量在牵引着你，让你暂时躲避内心深处那个烦恼的世界。而那个世界满满的全是负能量，当你选择逃跑，却发现自己其实早就被牢牢地锁在了里面。时间长了，那些负面情绪就开始迅速发酵，越攒越多。这个时候，如果有外人刚好经过并触碰到这个地方，结果可想而知，你一定会如狂风暴雨般地爆发。

当然，每个人的经历毕竟是不同的，心理承受能力的差异也决定着这个人的爆发程度。

小郑是一家报社的记者，平时工作兢兢业业，却一直没得到领导的重视，这是为什么呢？原来优秀的记者一般都要掌握重大新闻的第一手资料或要拍一些独特的照片，而小郑自从参加了工作，就没有达到领导的要求过，这令领导对他很失望。

这天，领导又因为工作上的事情找小郑谈了话，表面上很简单的谈话，其实是在显露自己的不满。回到家，小郑心里还很恼火，妻子看见小郑情绪有点不对，本来想安慰一下，结果小郑竟把脾气全撒到了妻子身上，这时候，妻子不干了。好端端地被骂一顿，换谁都受不了，于是妻子摔门而去。

妻子走在街上，突然一只小狗冲到了她面前，挡住了去路，还朝她狂吠，这下可好，妻子更生气了，于是一脚就踹了过去。小狗受了惊吓，箭一般地朝前面冲了过去。正好前面有一位老奶奶，老人被这突然的情况吓了一跳，而这位老人又有心脏病，结果老人因为惊吓晕倒，最后不治身亡。

妻子直接或间接地成了"杀人凶手"，这个结局看起来有点骇人，但仔细想想，小郑只是因为工作上的不顺心，就回来埋怨妻子，导致这场事故，这样是不是有点得不偿失？而我们从另一个角度看，情感上的蝴蝶效应是不是也相当可怕？

自然界的蝴蝶效应固然可怕，但人类情感上的蝴蝶效应也不容我们忽视。但幸运的是，自然界的蝴蝶效应我们无力改变，而人类情感的蝴蝶效应却可以通过调节而化解。

遇到问题了，我们就要努力想办法解决，摆好姿态迎接，正视它，是我们应该做的第一步。然后我们要进行冷静的分析。紧接着，我们要制定相应的策略。找到方法了，问题解决了，这样我们才能从根源上避免蝴蝶效应的产生。

第十八章
实用博弈术：巧用博弈，你完全可以做得更好

如何拒绝不得罪人，怎样避免投资风险，怎样才能成功地升职加薪……巧用博弈术，你的工作和生活完全可以更好。

1. 拒做"便利贴",不当滥好人

不知道你身边有没有这样的人?每当同事或者朋友请求他帮忙做些事的时候,无论他手头还有多少没干完的活儿,他都爽快答应。这样的人,我们称为"便利贴"或者滥好人。

所谓"便利贴"或者滥好人,就是指无论别人请他做什么事,他都说好,却没有考虑自己的时间,最后答应了人家,做出来的事却几乎是敷衍的,自己还累个半死。

现代职场竞争十分激烈,每个人都有自己分内的事,只有把自己的事做好了才能更好地去帮助他人。现在我们来看看这类人的性格特点:

(1)较低的自尊感,没有自信

心理学家曾提出,人都渴望被别人欣赏和赞扬,但对于那些缺乏自信的人来说,简单的一句赞扬他们会十分看重,当然他们也会为此倾尽一切。

(2)易受他人影响

这类人,在工作中不够专注,对自己的工作安排不清晰,所以不能很好地完成工作。同时他们对自己的未来也没有准确的定位,没有奋斗方向,所以容易受他人的影响。

这类人,在现实生活中一定过得很累,因为他们时常要完成本不属于自己的工作。所以,这种性格的人,一定要勇敢地对生活说不,拒做"便利贴",不当滥好人。

某公司新来的职员小孙,刚来了几天,就受到大家的一致欢迎,为什么呢?原来小孙来者不拒,无论是上司安排的工作还是同事的请求,他都满满地接了下来,所以大家都很喜欢他。

不知不觉一个月过去了。有一天,小孙抱怨说,自己的工作好累,每天除了分内的工作，还得帮东帮西，同事们每天都对他有新要求，自己又不好意思拒绝，真是受不了了。最后，小孙只能辞职了。

不要觉得开口拒绝有多难，事实上，一个懂得拒绝别人的人，有时候才能为自己赢来尊重。一家公司的财务部长小吴就是这样一个人。有一次，公司里有人给他打电话，说因为各部门工作需要协调，想让他帮忙打一份清单出来。小吴想了想，自己手头还有很多活儿，于是便答应等不忙的时候可以帮对方做这件事。最后，自己的工作和对方要求的事他都完成得很好，而且对方在事后还称赞了他。

回头再看，小孙最终辞职是因为自己当了职场中的"便利贴"，不懂得开口拒绝；反观小吴，因为懂得拒绝的诀窍，所以为自己赢来了赞扬。那么，我们在现实中该怎样拒绝别人呢？

首先，认清顺从的危害。人们习惯性地顺从他人并帮他人做事，其实都是在讨好他人，这是一种不健康的社交关系。因而，要逐步看清顺从背后可能隐藏的巨大危害。

其次，要学会拒绝，勇敢地说不。在别人请求你做事，而你实际的工作量已经快超负荷时，要尝试说不，拒绝时，不要犹豫，态度一定要非常坚定。

最后，正确定位自己，确定奋斗目标。找个时间，好好省视一下自己，看看自己哪些方面需要提高，哪些方面已经做得很好了，确定一个目标，实现完美转型。

2. 邻里纠纷为什么常常会恶化升级

俗话说：远水不解近渴，远亲不如近邻。邻里之间只有和睦相处、相互帮助，才有助于实现更好的生活。近几年，邻里之间的关系却一再变味儿，现如今的邻里之间常常会因为一些琐事破口大骂，甚至大打出手，原本只是一点小事，结果却骇人听闻。

随着社会的发展，一座座高楼大厦拔地而起，两家产生了纠纷，各扫门前雪，老死不相往来，这种情况比比皆是。各方保持沉默还算有安宁的生活，但有的人家得饶人处不饶人，然后对方也火气一上来，接着就是矛盾的一再恶化，最后演变成了新闻事件，让人无可奈何。

人类本是群居动物，两家住在一起，难免会产生矛盾，这是很正常的。如果我们的处理方法得当，那就可以避免许多悲剧的发生，但现实中邻里的纠纷常常会恶化升级。这是为什么呢？从林先生的亲身经历中我们或许可以探知一二。

林先生与妻子刚完婚，幸福地住进了新家，原本幸福的笑容，在第二天就在脸上凝固了。原来林先生刚住进来就发现楼上漏水，于是林先生找了上去，楼上的康先生面无表情，说自己会检查的，不用林先生操心。林先生心想，既然对方答应了，那自己也不好责怪人家，毕竟自己刚住进来，以后邻里之间还得相处，于是就转身回去了。

过了几天，林先生发现自己屋顶的漏水情况非但没见好，反而愈发严重，于是他心生疑窦，和妻子再次找了上去。林先生敲了敲门，等了一会儿，康先生也开了门，林先生问："康先生，上次已经找过您一次了，您家一直漏水，导致我家屋顶湿了一大片，要不您来我家看看？"这时康先生的态度却发生了明显的改变，态度强横地说："肯定不是我家漏的。"这时妻子忍不住了，开口便说："你这人怎么不讲理呢？"话还没说完，康先生的拳头就上来了，看到这一幕，林先生也不能忍了，双方发生了一场大战，最终都受了不同程度的伤，两家从此老死不相往来。

从林先生的经历中我们可以发现，邻里之间，抬头不见低头见，打交道多，产生矛盾并恶化的也多。实际上，林先生的经历是众多邻里矛盾的一个缩影。生活中，邻居间产生的矛盾种类很多，恶化升级也是常有的事，那么是什么原因导致的呢？

原因一：人都以自我为中心。社会的变迁，环境的变化，让现在的人都变得很自我，都很自私自利，各扫门前雪，只要自己好就行，别人怎么样都无所谓。

原因二：不懂谦让和关心他人。人因为成长的环境不同，性格也就千差万别，有的人就学不会谦让和退步，学不会关心别人。

原因三：不会换位思考。大量的事实证明，很多邻里之间矛盾的恶化常常是因为双方不懂得换位思考，丝毫察觉不到自己有意无意的行为给对方带来的麻烦。

3. 动态博弈法：永远的职场大红人

相信许多职场新人都有同一种想法：为什么我来到这个公司，瞄准目标、勤勤恳恳地干了该干的工作，最后得到的却不是老板的赏识呢？站在一个旁观者的角度来看，其根本原因是没有找到职场博弈的诀窍。

职场如战场，也许你才华出众，却为得不到老板宠爱而苦恼；也许你工作业绩突出，却为得不到升迁而不解。这时，你首先要关注的问题该是怎么和领导打交道，让老板了解你、欣赏你，最后重用你。只有这样，你才能在人生道路上取得胜利。

三百六十行，行行出状元。想成为老板眼中的大红人其实很简单。在这里有一个先后顺序，老板作为公司的领导者，心中所想的一定是公司的利益最大化；而你作为员工，在观察老板的行动并在他提出想法的那一刻，及时想出对策就可以。这就是职场动态博弈法。

有的人可能会说：这说起来简单，做起来其实很不容易。没错，动态博弈法的最大困难就是前一刻最优的决策在下一刻可能就不是最优的了。

小郭是一个刚步入社会的大学生，他在找工作前做了相当充分的准备，皇天不负有心人，他终于在某天成功地入职了一家小型的私人企业。

尽管他所做的工作与自己所学的专业并不是太挂钩，但没过几年，他就成了老板眼中的红人，同事们眼中的骄傲，这是为什么呢？

原来小郭有一套自己的生存法则。有那么一段时间，公司的效益很不好，而此时正好有一份生意摆在面前，却有一定的风险。细心的小郭分析了局势，观察了老板看这份生意时眼神的微妙变化。这天，老板一个人在办公室中思考着决策：如果这份合同签了并且完成了对方的订单，那公司的效益一定会恢复如初，但失败了就面临着破产；如果自己不签，或许过两天会有一个风险小的生意能挽救公司。这时，小郭来到了老板办公室，把自己的计划书递给了老板，老板打开一看，小郭制订了一个规避风险的计划，而且最后的结论是签约。

老板看到这里，最后决定签下那份合同。在此期间，小郭带领全公司人员一起行动，成功完成了工作。事后，老板就给小郭升了职，加了薪。

一个人能获得如此好的成绩，全是由自己决定的。很多人到了一个岗位上，不知道干什么，不知道怎么干，这就是你与成功人士的差距所在。小郭正是使用了职场中的动态博弈法则，洞悉了老板的心思，在帮老板解决难题之后，成为老板倚重的人。

生活中，若我们遇到了类似的情况，首先要问自己："老板会怎么做？"大多数情况下，你与他的答案差别不大，花个十分钟思考一下解决办法，然后与老板讨论，他一定会对你刮目相看的。最后，你的事业有可能就会蒸蒸日上，走到一个你想象不到的高度。

4. 投资要多想风险，少想收益

随着市场经济的不断发展，融资体制的逐步完善，投资已经成为推动我国经济发展不可或缺的动力。很多公司正是看到了这一点，所以选择紧跟时代潮流，纷纷投入到投资事业中。

第十八章

实用博弈术：巧用博弈，你完全可以做得更好

投资指的是特定经济主体为了在未来可预见的时期内获得收益或是资金增值，在一定时期内向一定领域投放一定数额的资金或实物的货币等价物的经济行为。既然要投资，就一定想赢得收益，而想获得收益，就一定存在风险，于是在投资过程中，风险与收益便成了矛盾的两个方面。怎样调节二者的矛盾，使利益最大化，是每个投资者都面临的问题。在市场经济条件下，企业能否将资金投入到收入高、回收快、风险相对较小的项目中，对企业的发展十分重要。

那么究竟如何才能使利益最大化呢？投资者首先要有一个很好的心理素质，在投资前，就要想到可能面临的风险，而且对此风险要有一定的承受能力。其次要对市场有足够的了解，分析市场影响下的各种投资策略。

实际上，每个人都应该有一套自己的投资习惯和投资方法，但投资不是投机，只想着收益，反而有可能失去收益。作为一名合格的投资者，每次操作前应多想想风险，分析好利弊再去做。只有这样，才能在变幻莫测的市场中，获得最后的成功。

高先生是一家房地产公司的老板，由于公司现在正处于上升阶段，需要很多的资金来维持，所以高先生把目光投向金融市场。

起初，高先生询问过许多金融界的朋友，自己也找了许多这方面的资料，经过长达几个月的认真分析，他决定把一部分钱投进金融市场。因为他早就发现，此时的金融市场很活跃，股票的走势也很好，最重要的是收益要比房地产高得多。正常人此时一定会从房地产市场撤走大量资金，投身到金融市场，但是高先生没有，因为他知道，高收益伴随的是高风险，盲目是投资的大忌。于是他经过周密计算，合理地分配了房地产市场和金融市场的投资比例。虽然最后没有赚得盆满钵满，但是收回来的钱也足够公司的运转，而且还略有节余。

市场的形势瞬息万变，不存在没有风险的投资。因为没有人可以预见未来，所以在投资中，我们应该尽量地多想想风险，做好最坏的打算，也

许在下一次投资中，你就能脱颖而出，一举成名。

5. 善待缺点，它也会给你带来机遇

当我们仔细省视自己的时候，会发现自身有许多不完美的地方，如外貌上的、性格上的、经历上的。这个世界没有什么东西是完美的，如果现在给你 10 分钟，让你找一件十全十美的东西，你找得到吗？相信给你 40 分钟，甚至一辈子的时间，你都寻不到一件十全十美的东西。当然，也正是因为有缺陷，人生才显得真实和珍贵。

珍贵并不是说有缺陷就好，而是说它能够凸显出美，或营造出新的美。好比维纳斯，正是有了断臂的缺陷，才拥有了另一种独特的美。所以，我们人生的某个阶段可能会承受较大的痛苦，但迎难而上主动承担痛苦的过程其实就是自我价值的体现和人格的升华，我们由此可能体会到人生的意义和幸福所在。

其实人生就是这样，有时候它就像一个五味瓶，酸甜苦辣咸五味俱全，但倘若里面都是甜，那我们的生活未免太过单调乏味了。真正的甜，不是让我们背负着压力，刻意去克服身上的缺点，而是把握好生命中的每一天，善待自己的缺点，或许有一天它就会给你带来好运。

某家广告公司要招聘一名职员，王杰和王浩一路过关斩将，进入最后的面试环节。王杰有很高的文凭，而且已经有了几年的工作经验，而王浩只是一名普通的专科生。

在面试前，王杰对自己充满了信心，因为无论从哪个方面看，自己的条件都是优于王浩的，眼看胜利的权杖就握在自己手中了。可令王杰万万没想到的是，自己最后却落选了。

原因很简单，本来面试官都问他最后一个问题了："你觉得自己的缺点是什么？"王杰回答："我的缺点就是不甘于平凡，我喜欢创新，别人都

是这么评价我的。"面试官听了以后，又加了一题："你为什么要来这里上班？你要知道，我们这里每天都要重复同样的事，很枯燥。"王杰回答："因为我喜欢这份工作，所以我觉得自己能胜任。"说完，他自己都觉得有点脸红，因为自己在撒谎。

同样的问题王浩回答："我的缺点很多。"王浩的直言不讳让面试官很惊讶也很欣喜。"你的优点是什么？"面试官接着问。王浩说："我的优点就是缺点很多，所以我每做一件事的时候，都十分谨慎。"面试官听了以后，心中已经有合适的人选了，于是告诉王浩明天来上班。

所以，在面对缺点时，我们不必遮遮掩掩，而要正确地对待它，也许我们无法改变自己的外貌，但我们一定可以使自己的内心充盈。

金无足赤，人无完人，人因缺点而美丽。王杰之所以会失败，正是因为他不敢正视自己的缺点。不正视自己缺点的人，即使高高在上，精神世界也是一片荒芜。而如果我们正视了自己的缺点，用微笑面对生活，我们则会遇到数不清的机会，获得想不到的成功。

6. 特有性价值：气场独特更能积聚人气

也许你会羡慕那些职场大红人，他们整天春风满面，要多风光就有多风光，朋友喜欢他们，老板欣赏他们，同事依赖他们，好像他们不管到哪里都十分受欢迎。这时，你心底可能会响起一句话："我也可以的。"但转眼间又会变得胆怯："不，不可以，他们一出场便能吸引众人，而我什么都没有。"而如果你一直这样想，那么你的生活将陷入无尽的黑暗中。

我们不得不承认，优秀的人都有独特的气场。什么是气场呢？从心理学的角度讲，气场就是一个人身上可以对他人产生影响的独特气质。每个人都有气场，只不过大部分人的气场很弱，也就很普通，靠近别人时，不会影响到别人。而一个有气场的人，他必然是一个很特别的人，这样的人无论走到哪里都会闪闪发光，他们通过独特而强大的气场去影响别人、吸引别人，让别人为自己的目标奋斗，从而让自己成为主角。

或许有人会问："气场那种东西，看不见，摸不着，能像宝石一样被挖掘出来吗？"答案是肯定的，目前心理学家已经把气场归入人的心理活动，说明人可以经过后天训练，培养出气场。那么又有人会问："我们每个人都是独一无二的，既然如此，那我们培养出的气场是不是也是专属的？"没错，每个人在这个世界上都有其存在的意义，当他凝聚出气场，就更容易吸引别人的目光，这便是人的特有性价值。

小胡是一家汽车公司老板的秘书。一天，老板说下午会来一个客人，是一名汽车工业公司的实验工程师，想参观一下公司的实验楼，叫他接待一下。小胡于是好好准备了一番。

下午的时候，小胡来到楼下环顾了一圈，一眼便认出了对方：一米八的身高，精干的短发，笔挺的西装……他还在打量对方时，对方却微笑着朝他招招手，打了招呼以后，小胡带他来到了实验楼。来到这里，这名工程师见到了很多同行业的人，说话干净利落，彬彬有礼，涉及的专业术语，都能轻松地接上话茬。这一幕，让在场的人都不由得朝这边看了过来，眼里充满了惊讶与羡慕。

气质是由内而外散发的，一个有独特气质的人，你会发现，他谈吐之间就能给人一种震撼，这种震撼源于他的实际行动，源于他的行为举止，源于他与众不同的性格特征。那么，我们怎么样才能表现出这种气质、实现自己的特有价值呢？

首先，我们要仪表得体，虽然每个人的外貌不同，但保持一个良好的精神面貌是培养气场的第一步。

其次，要有内涵，多读书，多了解时事，尊重师长，心无杂念。

最后，在谈吐方面要更加注意，什么样的场合说什么样的话，不一定要滔滔不绝，但是言语之间要体现出你的性格和独特的思维方式。